いざというときに身を守る

気象災害への知恵

文化放送アナウンサー・気象予報士
伊藤佳子
鈴木純子

求龍堂

文化放送アナウンサー・気象予報士の伊藤佳子（右）、鈴木純子（左）

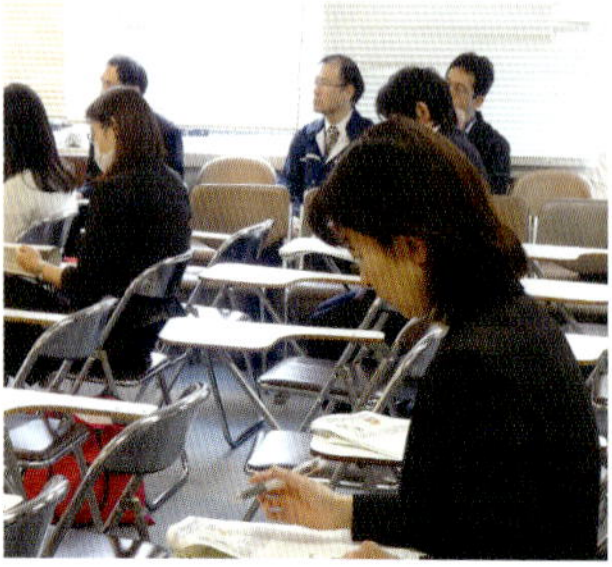

気象庁での記者発表の様子

気象庁の海洋気象観測船「啓風丸」を取材する佳子アナウンサー

データを見ながら天気予報の原稿を作成する純子アナウンサー

『くにまるジャパン』の野村邦丸さんと

『くにまるジャパン』「お天気気象転結」
生放送中の佳子＆純子アナウンサー

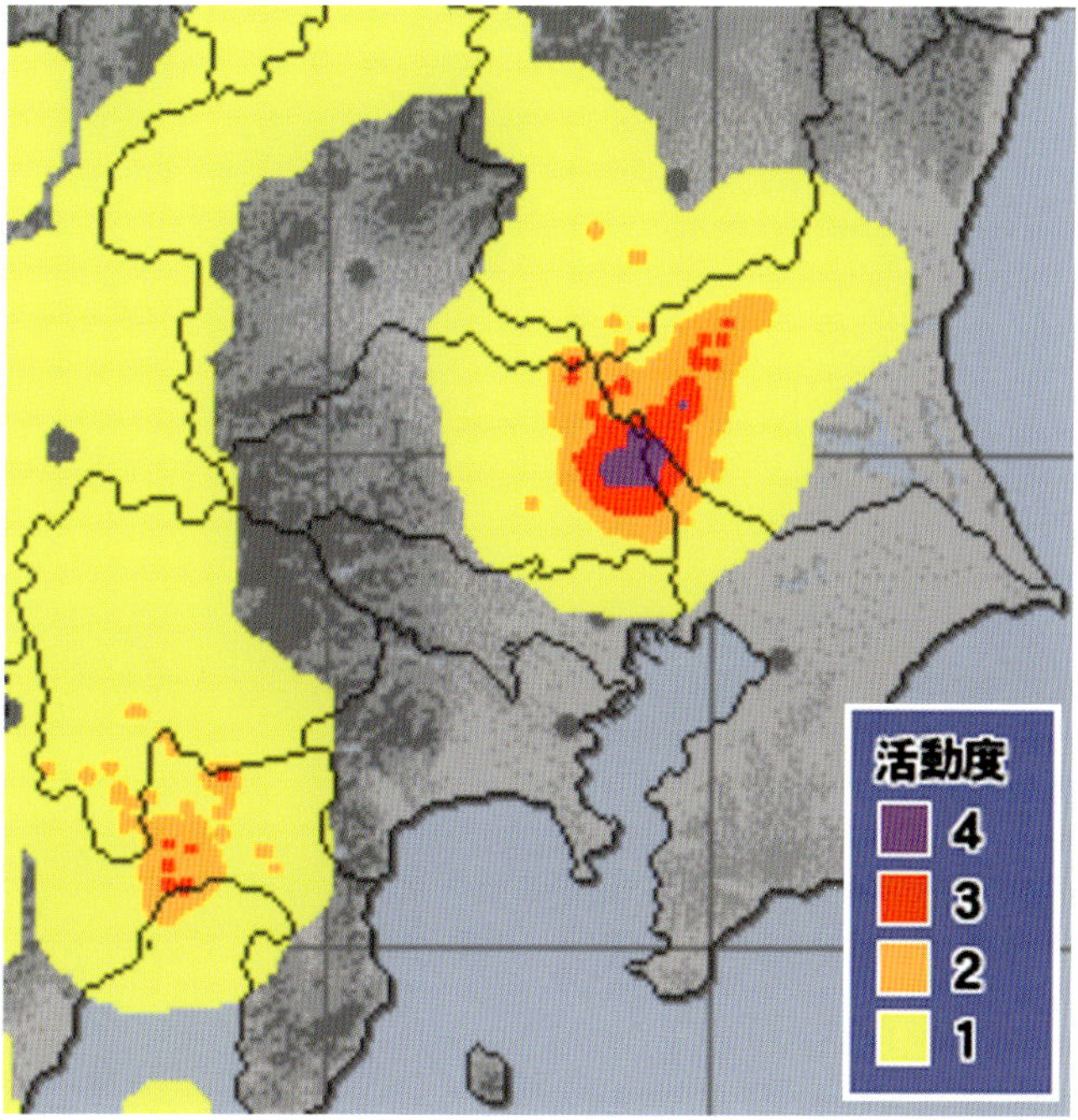

雷ナウキャスト（2013 年 9 月 2 日 14:20 の事例）

活動度は、最新の落雷の状況と雨雲の分布によって、以下のように区分しています。

活動度	雷の状況	
4	激しい雷	落雷が多数発生している
3	やや激しい雷	落雷がある。
2	雷あり	雷光が見えたり雷鳴が聞こえる。落雷の可能性が高くなっている。
1	雷可能性あり	現在は雷は発生していないが、今後落雷の可能性がある。

活動度 2 ～ 4 が予測された場合は、落雷の危険が高くなっていますので、建物の中など安全な場所へ速やかに避難してください。また、避難に時間がかかる場合は、雷注意報や活動度 1 が予測された段階から早めの対応をとることが必要です。

（気象庁提供）

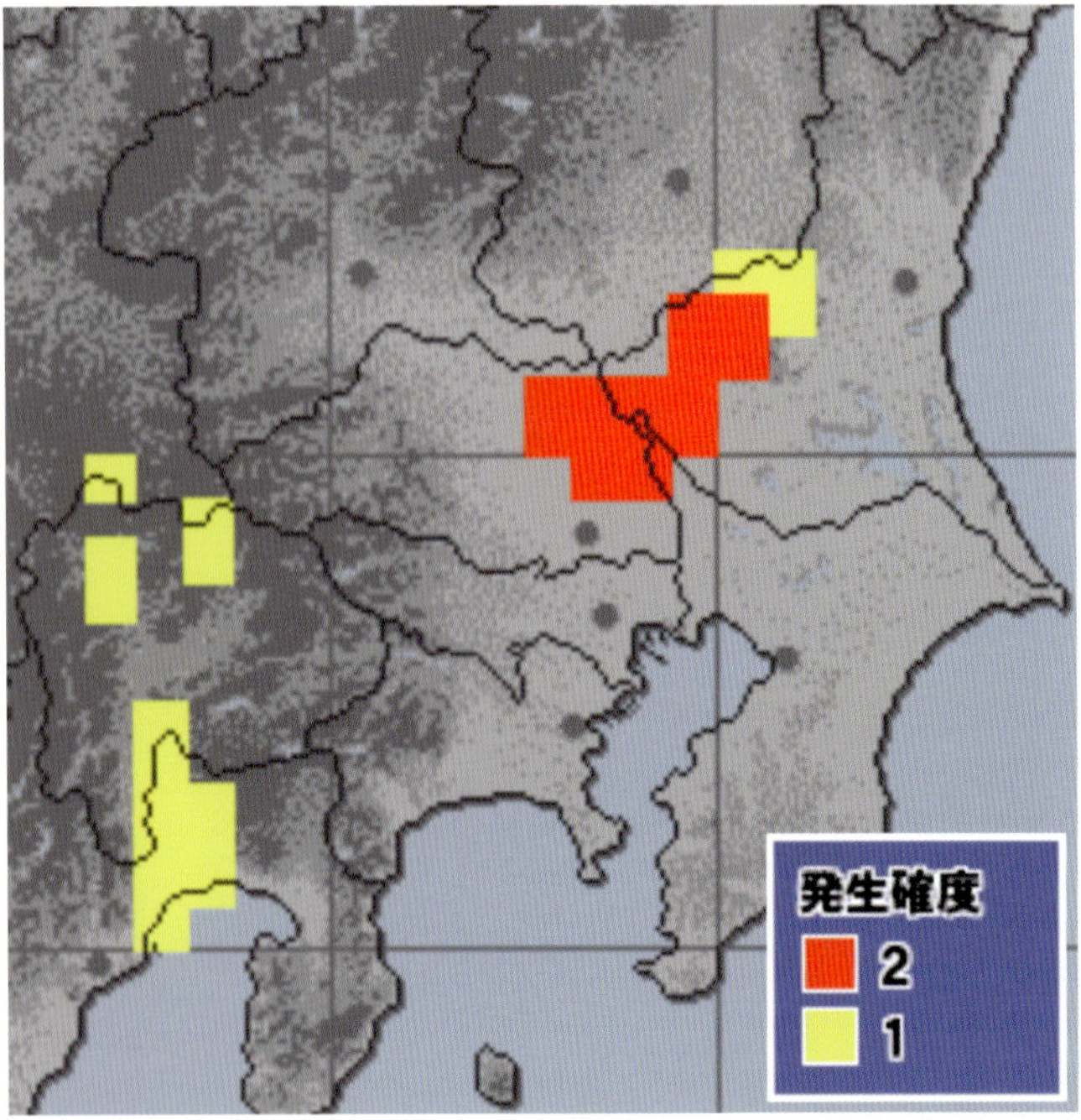

竜巻発生確度ナウキャスト（2013 年 9 月 2 日 14:20 の事例）

	発生確度
2	竜巻などの激しい突風が発生する可能性があり注意が必要である。 的中率：5～10% 程度 捕捉率：20～30% 程度 発生確度 2となっている地方（県など）に竜巻注意情報が発表される。
1	竜巻などの激しい突風が発生する可能性がある。 的中率：1～5% 程度 捕捉率：60～70% 程度

竜巻などの激しい突風は、人の一生のうちほとんど経験しない極めて希な現象です。従って、発生確度 1 や 2 程度の可能性でも、普段に比べると竜巻などの激しい突風に遭遇する可能性は格段に高い状況ですので、発達した積乱雲が近づく兆候がある場合は、頑丈な建物内に入るなど安全確保に努めて下さい。
なお、発生確度 1 や 2 が予測されていない地域でも雲が急発達して竜巻などの激しい突風が発生する場合がありますので、天気の急変には留意して下さい。

（気象庁提供）

いざというときに身を守る　気象災害への知恵

まえがき

文化放送で「お天気気象転結」のコーナーが始まったのが2005年4月。以来鈴木純子アナウンサーと交代で、その日の天気予報と共にお天気一口ネタを伝えてきました。

私が気象予報士の資格を取ったのは1995年ですが、その前から「天気予報」には思い入れがありました。新人のころ、前職の宮崎放送の先輩アナに「天気なら伊藤佳子って言われるくらい誰よりもくわしくなってみろ。何かひとつコレというものを持て」と言っていただきました。

「台風銀座」とも言われていた九州・宮崎放送時代、台風にはたくさん振り回されました。ゲストの飛行機が台風接近で欠航する可能性があるので、無理にお願いして前日に入ってもらったり、風の強まる中、強引に自転車に乗り、転んで衣装を破ったり。

でも、人が台風による増水で命を落とす報道を身近で体験してから、「天気予報」の大きな役割は「人の命を守ること」であり、これが一番大切なのだ……と実感するようになりました。もちろん晴れか雨か、洗濯物を干せるか、暑いか寒いかなどは、多くの人に関係する大切な情報ですが、天気予報は人の命や財産を守ることに直結するのです。

「自然の力の恐ろしさ」の前には、人の力は本当に小さく脆いものですよね。「想定を超えた雨量」や「35度を超える猛暑」、「観測史上最も暑い年」にも驚かなくなりました。

この先高温傾向はさらに進み、大型台風や大雨、干ばつなど、気象がもたらす被害はさらに大きくなるでしょう。地震や火山の噴火の予知は難しいけれど、明日あさっての天気については、かなりの確度で予報することができるようになっています。つまり被害を最小限に食い止める対策は、ある程度できるわけです。

災害は「まさか」ではなく「いつかは」起きるもの。「自分はたぶん大丈夫」と都合よく考えてしまう傾向が私自身にもありますが、この本を読んでいただき、少しでも気象災害の被害を少なくしていただけたらうれしいです。

伊藤佳子

先輩気象予報士の伊藤佳子アナウンサーと私は、文化放送というラジオ局で10年以上天気予報をお届けしています。大半は「雨が降るか」「暑いか寒いか」「洗濯物は外に干せそうか」などをお伝えしていますが、これはとても平和な状態です。

地球で暮らす私たちは気候の絶妙なバランスによって生かされ、動植物が育ち、命を繋いでいます。ただこのバランスが崩れると、気象災害が起き、甚大な被害を受けることも少なくないのです。

近年の地球温暖化に伴う豪雨の増加をはじめ、「これまでに経験したことのない」気象災害が各地で起きています。「想定外」も「想定」して災害に備えなければならない時代がやってきているのです。気象庁では特別警報をはじめ、さまざまな気象情報が新たに発表されるようになりましたが、それも位置づけを理解し、有効に活用していかなければなりません。

2015年9月には関東・東北豪雨で鬼怒川が決壊。いつも文化放送を聞いてくださっているリスナーさんを含め多くの方が被災され、気象災害は身近にあることを改めて実感しました。そして、気象情報の伝え方はこれで良かったのか、もっとわかりやすく、命を守る行動に直結する表現はなかったのか、考えました。

「天気予報は命を守る情報だ！」

この言葉に突き動かされて、この本は生まれました。ラジオで気象予報士として、アナウンサーとして、日々情報を伝えるなかで、特に大事なので何度でも言いたいこと、もっとくわしくお伝えしたいことをまとめました。

今この本を手にとってくださったあなたが、いざというときに役立つように、ぜひお手元に置いて、気になるところからでいいので読んでいただきたいです。「あなたを守る大切な情報」をまとめた巻末のカードも切り取って、携帯してください。防災のポイントが頭の片隅に残り命を守ることに繋がれば、こんなにうれしいことはありません。

鈴木純子

目次

① 大雨
局地的短時間大雨・ゲリラ豪雨

伊藤佳子アナウンサーが
お伝えします

事例 増えるゲリラ豪雨！ 急激な増水の恐ろしさ

「最近、ものすごい雨が多くない？」

「雨の降り方が変わったよね」

そうですよね。確かにここ数年、1時間に50ミリ以上の大雨の降る回数は確実に増えています。

天気予報を伝えてきた中で、私が忘れられない局地的短時間大雨による災害をご紹介します。

▼2008年8月5日、ラジオ番組『くにまるワイドごぜんさま～』のお天気コーナー「お天気気象転結」で伝えていた予報は、「曇り一時雨。午後の降水確率は40%。25日連続の真

夏日となるでしょう」というもので、群馬などには「大雨警報」が出ていたものの、東京にはまだ「大雨注意報」ですら発表されていませんでした。

その1時間あまり後に、東京都豊島区雑司ヶ谷で下水道工事中の作業員5人が流され死亡という痛ましい事故が起きたのです。午後、事故のニュースを知り、体が冷たくなりました。放送でもっと警戒を呼びかけるべきだったのでは……。

この事故は、東京23区に「大雨注意報」が発表された5分後に起こっており、「大雨警報」に切り替わったのは、事故のおよそ1時間も後だったのです。事故現場周辺では、1時間に50~80ミリ相当の雨が降っていました。

今、そのときの新聞の切り抜きをみると、「関東一円ゲリラ豪雨」「首都圏　浸水や道路陥没」「頻度増すゲリラ雨」などの見出しが目に付きます。

▼1999年8月14日、神奈川県足柄上郡玄倉川《くろくらがわ》の中洲でキャンプをしていた18人が台風から変わった熱帯低気圧の大雨による増水で流され、13人が死亡。この水難事故では、中洲に取り残された遭難者が濁流に流される瞬間までテレビで中継されたので、記憶に残っ

ている方も多いと思います。

当時私は『梶原しげるの本気でＤＯＮＤＯＮ』という情報番組を担当しており、コメンテーターの酒井ゆきえさんが「テレビを見ていて、涙があふれてきた」と語ったのを覚えています。激しい濁流で救助が難しく、救助隊や報道陣など周りに人はいるのに、どうすることもできない「自然の力」の恐ろしさを感じました。

玄倉ダムの放流を前に、再三避難の呼びかけがあったことなどが次第に明らかになりましたが、当時使われていた「弱い熱帯低気圧」というコトバに油断を感じてしまうことも問題視されました。

これをきっかけに、気象庁では「弱い熱帯低気圧」の「弱い」という表現をやめ、台風についても「弱い」「並の強さ」「ごく小さい」「小さい」「並の大きさ」という表現をやめました。そもそも「台風」から変わった「熱帯低気圧」については、中心付近の最大風速が「台風」より弱いだけで、持っている雨雲自体は変わらないのです。

今も「台風」から「熱帯低気圧」に変わったというと、ホッとする方もいらっしゃるかもしれませんが、大雨の恐れは変わらずにあるのです。

▼2008年7月28日、兵庫県神戸市都賀川《とがかわ》が急激に増水、親水公園で水遊びをしていた子どもたちなどが流され、5人が死亡。この日は午後2時ごろまで晴れていて、夏休み中ということもあり、たくさんの子どもたちが川遊びを楽しんでいました。午後2時半すぎ、急に小雨が降り始め、何人かは橋の下で雨宿りをしました。すると雨足が強まり天気は急変。子どもたちと引率者が川から避難を始めた直後、上流から水流が押し寄せ、川は急激に増水、10分間で水位は1メートル34センチも上昇し、数人が川に飲み込まれてしまいました。
(図1、図2)

▼2008年8月16日、栃木県鹿沼市内を通る東北自動車道の下のアンダーパスで、軽自動車が水につかり停止。水圧で車のドアが開かなくなり、携帯電話で110番通報したものの救助が間に合わず、運転していた女性が死亡という、痛ましい事故が起きました。この女性が母親へかけた携帯電話の声が女性の最後の声になったと報道されたことを、覚えていらっしゃる方も多いかもしれません。

① 大雨（局地的短時間大雨・ゲリラ豪雨）

図１　都賀川増水前（2008年7月28日）

水位は10分間で約1m30cmも上昇

図２　都賀川増水後（2008年7月28日）

（神戸市建設局写真提供）

対策 危険から身を守るためには！
これだけは守りたい防災のポイント

◎激しく雨が降り始めたら、すばやい状況判断が大切

川などの水辺から離れましょう！

川や用水路の近くにいるときに空や川に異変を感じたら、すぐに水のそばから離れて、高い所へ行きましょう。川などでの釣りや水遊び、河原や川の中洲でのキャンプ・バーベキュー・沢登りなどの場面で、その場でたいした雨が降っていなくても、上流に降った雨で、急に川が増水することがあります。

水辺の近くでの「サイレンの音」は、ダム放流の合図です！　川の水かさが増え、濁っ

たり、枝などが流れてくるときは危険です！

線路や高架下などのアンダーパスに入らないようにしましょう！

車は水深が30センチ（マフラーの排気口の高さ）より深くなると、エンジンが止まって走行ができなくなります。窓を開けて脱出できないときは、ハンマーなどの叩き割る道具が必要です。

地下室や地下道には入らないようにしましょう！

外から大量の水が押し寄せると、水圧のため扉は中から開けることができなくなります。

大雨で浸水した道は歩かないようにしましょう！

マンホールのふたが開いていることに気づかずに、転落する可能性があります。道・用水路・川との境目がわからなくなり、落ちて流されることもあります。足元に注意しながら、建物の中に避難しましょう。また、長靴は中に水が入ると歩きにくくなるため、運動靴をはきましょう。どうしても浸水した道を歩かなければならないときは、長い棒のようなもので、足元を確認しながら避難してください。

◎こんなときは注意しましょう

☂最新の天気予報で……

「大気の状態が不安定」「天気の急変」「雷を伴う」という言葉が出てくる。

「雷注意報」が発表され、「落雷・急な強い雨・突風・ひょうにもご注意ください」とコメントされる。

「大雨警報」「洪水警報」などが発表される。

☁低地の路上で……

「大雨時道路冠水注意」の看板がある。

空を見上げると……

「積乱雲（雷雲）が近づく兆し」が見える。「積乱雲が近づく兆し」とは？（図3）

急に黒い雲がむくむくとふくらんでくる。
真っ黒い雲が近づき、周囲が急に暗くなる。
雷鳴が聞こえたり、雷光が見えたりする。
ひやっとした冷たい風が吹きだす。
大粒の雨やひょうが降りだす。

図3　積乱雲

まとめ

被害をイメージする力→危険を感じる冷静な心→避難を決断する勇気
雨が降り始めたら、すぐに水辺から離れ、高いところへ避難しましょう！
浸水した場所では足元に注意し、危険を感じたら、ただちに避難！

（気象庁資料より作成）

<table>
<tr><th>屋内（木造住宅を想定）</th><th>屋外の様子</th><th>車に乗っていて</th><th>災害発生状況</th></tr>
<tr><td>雨の音で話し声が良く聞き取れない</td><td rowspan="2">地面一面に水たまりができる</td><td></td><td>この程度の雨でも長く続くときは注意が必要</td></tr>
<tr><td rowspan="4">寝ている人の半数くらいが雨に気がつく</td><td>ワイパーを速くしても見づらい</td><td>側溝や下水、小さな川があふれ、小規模の崖崩れが始まる</td></tr>
<tr><td>道路が川のようになる</td><td>高速走行時、車輪と路面の間に水膜が生じブレーキが効かなくなる（ハイドロプレーニング現象）</td><td>山崩れ・崖崩れが起きやすくなり危険地帯では避難の準備が必要
都市では下水管から雨水があふれる</td></tr>
<tr><td>水しぶきであたり一面が白っぽくなり、視界が悪くなる</td><td>車の運転は危険</td><td>都市部では地下室や地下街に雨水が流れ込む場合がある
マンホールから水が噴出する
土石流が起こりやすい
多くの災害が発生する</td></tr>
<tr><td></td><td></td><td>雨による大規模な災害の発生するおそれが強く、厳重な警戒が必要</td></tr>
</table>

1. 表に示した雨量が同じであっても、降り始めからの総雨量の違いや、地形や地質等の違いによって被害の様子は異なることがあります。
   この表ではある雨量が観測された際に通常発生する現象や被害を記述していますので、これより大きな被害が発生したり、逆に小さな被害にとどまる場合もあります。
2. この表は主に近年発生した被害の事例から作成したものです。今後新しい事例が得られたり、表現など実状と合わなくなった場合には内容を変更することがあります。

① 大雨（局地的短時間大雨・ゲリラ豪雨）

図4　雨の強さと降り方

1時間雨量（mm）	予報用語	人の受けるイメージ	人への影響
10以上～20未満	やや強い雨	ザーザーと降る	地面からの跳ね返りで足元がぬれる 
20以上～30未満	強い雨	どしゃ降り	傘をさしていてもぬれる 
30以上～50未満	激しい雨	バケツをひっくり返したように降る	
50以上～80未満	非常に激しい雨	滝のように降る（ゴーゴーと降り続く）	傘は全く役に立たなくなる 
80以上～	猛烈な雨	息苦しくなるような圧迫感がある。恐怖を感ずる	

（注1）「強い雨」や「激しい雨」以上の雨が降ると予想されるときは、大雨注意報や大雨警報を発表して注意や警戒を呼びかけます。なお、注意報や警報の基準は地域によって異なります。
（注2）猛烈な雨を観測した場合、「記録的短時間大雨情報」が発表されることがあります。なお、情報の基準は地域によって異なります。
（注3）表はこの強さの雨が1時間降り続いたと仮定した場合の目安を示しています。この表を使用される際は、右の2点にご注意下さい。

② 大雨
洪水・浸水害

鈴木純子アナウンサーが
お伝えします

事例 常総市、想定外の洪水！鬼怒川が決壊

「絶対大丈夫だと思っていたんですよね。10年前に引っ越してきたので、この土地が低いという認識もありませんでしたし、水を甘くみていたんでしょうね」

２０１５年９月、関東・東北豪雨で鬼怒川が決壊し、甚大な被害を受けた常総市。冒頭の声は常総市役所近くのマンション１階が床上浸水して、避難所で生活されていた女性に取材したときのものです。

関東・東北豪雨では記録的な大雨となり、茨城県・栃木県でそれぞれ３人、宮城県で２人、合わせて８人が死亡、一時１都19県で約24万人に避難指示が出されました。

９月９日に愛知県に上陸した後、日本海に進んだ台風18号は温帯低気圧に変わり、この低気圧に向けて南から流れ込む湿った風と、日本の東海上を北上していた台風17号から流

れ込む湿った風の影響で、線上降水帯（図5）という南北に線のように伸びた雨雲の帯が次々と発生し、関東と東北で記録的な大雨となりました。降り始めからの総雨量が9月1か月で、平年降る降水量の2倍を超えた地域もあったのです。気象庁は9月10日、栃木県に午前0時20分、茨城県に午前7時45分、大雨特別警報（33ページ参照）を発表しました。各地で土砂災害や河川の氾濫が起き、鬼怒川が決壊した茨城県常総市では、最大6223名の方が避難生活を送ることになりました。（2015年9月11日時点）

当日、気象情報を担当していた私は、『福井謙二グッモニ』『くにまるジャパン』で大雨の情報を伝えていましたが、報道部に入ってくる河川氾濫情報、自治体の避難指示の情報などを、限られた時間の中

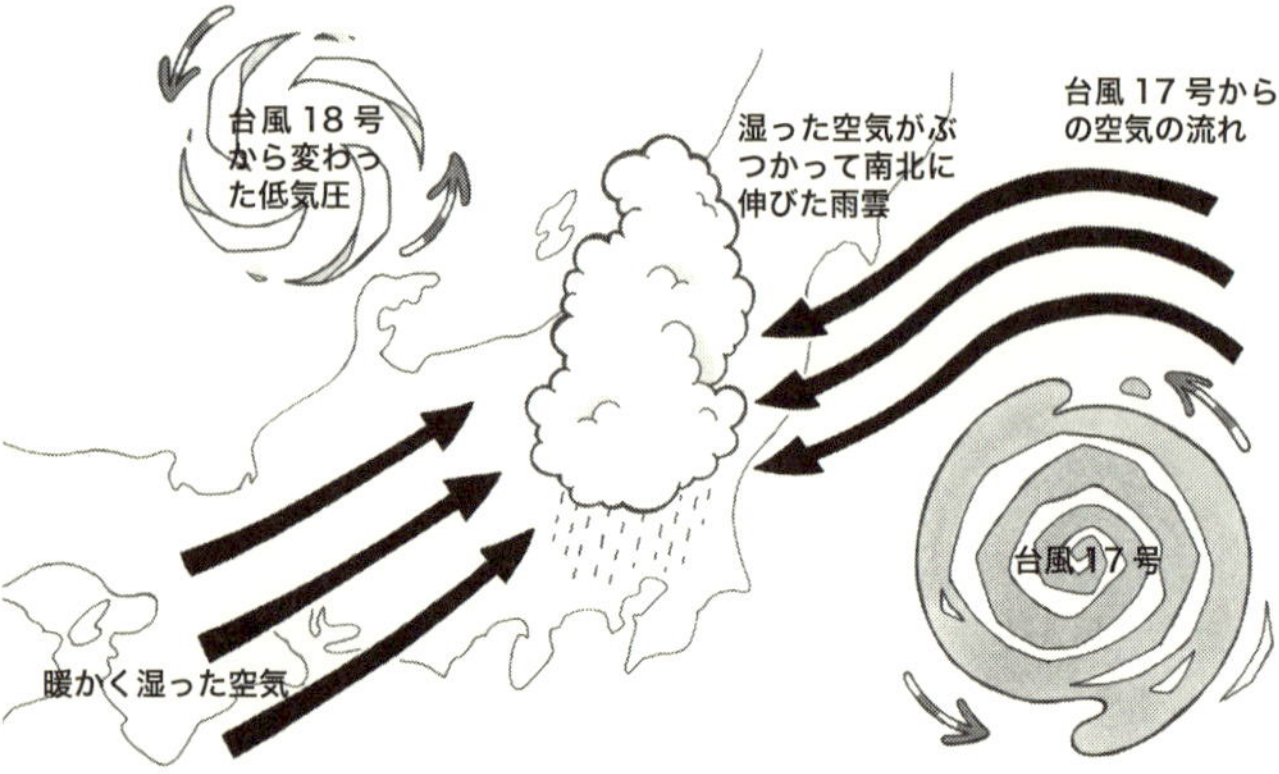

図5　線状降水帯

で伝えることに奔走していました。振り返ってみると、栃木県で記録的な大雨となっている時点で、栃木県から茨城県に流れる河川が増水することは予測することができた……。だとしたら、気象情報の中で、「栃木から茨城にかけて流れる河川の下流にお住まいの方は、今後の情報にご注意ください」などの注意の呼びかけができたのではないかと、後悔が残ります。

被災から1か月半後、10月21日に伊藤佳子アナウンサーと、常総市役所と当時市内最大の避難所となっていた水海道あすなろの里を取材しました。そこで聞かれた声は、「災害を甘くみていた。まさか自分が」「避難指示が出なかった」「出ていても、よくわからないうちに水がきてしまった」というものでした。

また常総市役所では、非常電源も水没し、市役所が市民や自衛隊とともに一時孤立する事態となりました。「避難訓練は通常地震を想定しており、洪水の避難を想定していなかった。認識が甘かった。避難所が水没した地域もあるので、今回を踏まえて防災対策を考え直したい。反省している」と、洪水は想定外であったことを話してくださいました。

また鬼怒川決壊現場付近では、まだ整地もままならない状況の中、当時ヘリコプターで救助された女性にお話を伺うことができました。決壊現場から細い農道をひとつ挟んで南側は水の流れが緩やかだったため、この方の家は、浸水はしたものの建物の損壊は免れました。「大木が流されている中、うちのこんな細い植木は無事なのよ」とおっしゃっていて、改めて水の怖さを感じました。当時は農道の北側を、物置、車庫、車、大木が次々と流れていったのです。（図6）

図6　鬼怒川決壊現場、1か月半後の状況

（2015年10月21日著者撮影）

対策 危険から身を守るためには！

これだけは守りたい防災のポイント

◎尋常ではない大雨が降ったら、真っ先にするべき2つのこと

①川から離れる！

洪水の危険のある川や用水路などからは離れ、高いところへ行きましょう。橋の下で雨宿りは危険です。川の水が増えて流される恐れがあります。上流で降った雨で、遅れて増水することもあります。川の水が濁ったり、木が流れてくるのは増水の兆候です。

②低い土地から離れる！

浸水に備えてアンダーパスは通らないようにしましょう。水深30センチで車が走行困難

になり、50センチで歩行も困難になります。長靴は水が入って重くなるので、運動靴で非難しましょう。

◎ハザードマップで防災シミュレーション

お住まいの地域のハザードマップは各市町村が公開しています。自分が住んでいるところはどんなハザードマップがあるのか、防災担当窓口に問い合わせるなどして確認しておいてください。国土交通省　ハザードマップポータルサイト（http://disapotal.gsi.go.jp/）で確認することもできます。

ハザードマップには、災害が発生した場合に考えられる被害の範囲、程度、どこに避難すればよいのかがまとめられています。普段から災害を想定しておくことで、いざ災害が発生したときに、早く、安全に避難することができます。

ハザードマップの想定以上の災害が発生する可能性も、ゼロではないことを頭に入れておいてください。また広域水害の場合は、自分が住んでいる市町村を越えて、ほかの市町村に避難しなければならないということもあり得ます。

また２つの河川に挟まれた地域では、川を渡って避難しなければならないことも考えられ、その場合、橋では交通渋滞に巻きこまれる可能性があります。できるだけ早い避難が必要ですが、建物の構造が鉄筋コンクリートか木造かによっても、増水が始まっていても避難したほうがいいか、そこにとどまったほうがいいか、判断が変わってきます。建物にとどまる場合、時間に余裕があれば、車は高台に移動させておきましょう。常総市の水害で、車を移動させておいて良かったという方がいました。

首都圏の浸水は約２週間継続するといわれています。速やかに浸水域から避難できるよう、日ごろから避難場所と避難ルートを確認しておきましょう。

また自治体の避難指示が間に合わない場合もありますので、近隣の川の上流で大雨が降っている場合は、気象警報や、指定河川洪水予報なども参考に、早めの避難を心掛けてください。

さらに国土交通省は関東・東北豪雨を受けて２０１６年5月30日、東北から九州までの、決壊すれば大きな被害が発生する恐れがある河川20水系について最大クラスの降雨で河川が氾濫した場合の浸水想定区域を指定、うち18水系については家屋の倒壊や流失をもたらすような水害の発生が想定される「家屋倒壊等氾濫想定区域」も指定しました。ほかの水系についても順次公表される予定です。想定区域は国土交通省の各地方整備局（東北地方、関東地方、北陸地方、中部地方、近畿地方、中国地方、四国地方、九州地方）のホームページで確認してください。（例えば関東なら「関東地方整備局」「浸水想定」と入力して検索）

◎大雨のときに注意するべき気象情報

最新の気象庁の防災情報をもっと活用しましょう！

①「大雨警報」「洪水警報」「大雨特別警報」などが発表される

できれば「大雨注意報」「洪水注意報」の段階から、注意して推移を見守りましょう。なお、大雨警報は、警戒する事柄について、土砂災害、浸水害と区別して発表されます。

「大雨特別警報」は、数十年に一度の豪雨が予想されるなど、重大な災害の起こるおそれが著しく大きい場合に発表されます。これまで経験したことのないような非常に危険な状況にあることから、周囲の状況や市町村から発表される避難指示・避難勧告などの情報に留意し、「ただちに命を守るための行動」をとってください。特別警報が発表されたときには既に避難が困難になっている場合も考えられます。確実に命を守るためには、段階的に発表される注意報・警報などの情報や、自治体からの情報に注意し、早め早めに行動することが大切です。

②「土砂災害警戒情報」が発表される

大雨による土砂災害の危険度が高まった市町村を特定して、都道府県と気象庁共同で発表されます。警報発表時に、さらに警戒を促す情報として発表されるので、ホームページやテレビなどで確認しましょう。

③「指定河川洪水予報」が発表される

指定された河川の水位、または流量を5段階のレベルで示した予報のことです。

レベル1　洪水予報なし　水防団待機水位
レベル2　○○川氾濫注意情報　氾濫注意水位
レベル3　○○川氾濫警戒情報　避難判断水位
レベル4　○○川氾濫危険情報　氾濫危険水位
レベル5　○○川氾濫発生情報　氾濫の発生

レベル3で避難準備をはじめ、自主避難を検討してください。レベル4は自治体が避難勧告を検討するレベルで、いつ氾濫してもおかしくない状態です。

④「記録的短時間大雨情報」が発表される

数年に一度くらいしか発生しないような、激しい短時間の大雨（1時間に100ミリ前後の雨）が観測、解析されたときに発表されます。この情報が、自分が住んでいる地域に流れる川の上流域で観測された場合は、その後、川の増水、氾濫が予想されるので警戒が必要です。

⑤「記録的な大雨に関する情報」が発表される

短い文章で災害への危機感を喚起する情報です。「これまでに経験したことのない大雨。厳重に警戒を」など、気象情報として伝えられます。2012年6月から実施されるようになりました。

まとめ

事前のシミュレーションで、早めの避難行動を！
川や低い土地からは離れ、高台へ！

③大雨
土砂災害

鈴木純子アナウンサーが
お伝えします

事例 50年に一度の値を超えた3時間雨量！遅れた避難勧告

伊豆大島の土砂災害

２０１３年10月15日、台風26号の接近に伴い、私は夕方の気象情報を伝えるため情報収集をしていました。そのときにはまだ、伊豆諸島大島であのような土砂災害が起きるとは思っていませんでした。

11日午前3時にマリアナ諸島付近で発生した台風26号は、発達しながら日本の南海上を北上し、大型で強い勢力のまま、16日明け方に暴風域を伴って関東地方沿岸に接近しました。東京都大島町では、台風がもたらす湿った空気の影響で、16日未明から1時間に１００ミリを超える猛烈な雨が数時間降り続き（午前3時30分までの1時間に１２２・５ミリ）、24時間の降水量が８００ミリを超える大雨となりました。

10月14日から16日までの総降水量は大島町大島で８２４・０ミリ、静岡県伊豆市天城山で３９９・０ミリになるなど、関東地方東海地方で３００ミリを超えたほか、最大24時間雨量で、14地点が統計開始以来の観測史上１位の記録を更新しました。

16日朝の１時間雨量は、茨城県鹿嶋市で62・５ミリ、千葉市61・５ミリ、東京都心49・５ミリの激しい雨となりました。

風については、宮城県女川町江ノ島で平均風速33・６メートル、千葉県銚子市銚子で33・５メートルの最大風速を観測するなど、各地で暴風を観測しました。

この暴風と大雨で、千葉県、東京都、神奈川県、静岡県で死者25名、行方不明者30名となり、中国地方から北海道の広い範囲で、住宅損壊や土砂災害、浸水害、河川の氾濫などが発生し、特に東京都大島町では死者22名、行方不明者27名となりました。

ここで「大島町の土砂災害発生までの経過」を見てみましょう。

←2013年10月15日午後5時38分、気象庁が大島町に大雨警報発令

午後6時5分、気象庁が大島町に土砂災害警戒情報を出す
←
16日未明にかけて、気象庁が「尋常でない大雨が予想される」と電話で警戒を呼びかける
←
16日午前3時、大島署が防災無線を使って避難勧告を呼びかけるよう町に要請
←
町長、副町長、ともに島内に不在
←
町は住民に避難勧告や指示を出さず、未明に土石流が発生したと見られる

大島町の災害では、伊豆大島と利島村の計10地点で、16日午前4時頃に3時間雨量が特別警報の基準である50年に一度の値を超えたのですが（125ページの「大雨特別警報発表の目安②」参照）、気象庁は範囲の広がりがないと判断し特別警報を出しませんでした。

17日、気象庁の羽鳥光彦長官は会見で、「現時点では、府県単位の広がりをもつ現象に特

別警報を出すという発表基準を見直すことは難しい」と述べていて、離島豪雨の際などに「危機感を効果的に伝える表現を検討する必要がある」と語りました。

離島は周辺の海上に雨量観測地点が無いため特別警報は出しにくいので、離島の住民に「特別警報級」の警戒を呼びかける、効果的な表現や方法を考えることが急務だと思います。

❖広島県の土砂災害

２０１４年８月20日に発生した広島県安佐北区と安佐南区の土砂災害では、74人の方が亡くなる大災害となりました。３時間に２００ミリを超える強い雨が深夜、人口密集地に降り、土石流が発生。防災計画を上回る土砂の量でした。

「土砂災害警戒情報」が出されたのは20日1時15分、災害は3時から4時頃に発生し、避難勧告が出されたのは4時半でした。

大島、広島ともに、土砂災害防止法による区域指定もされておらず、１９９９年の広島災害をきっかけに成立した「土砂災害防止法」の改正の要因となりました。

２０１４年７月30日から８月26日にかけて、広島をはじめとして各地に甚大な被害をもたらした大雨について、気象庁は「平成26年８月豪雨」と命名しました。

対策

危険から身を守るためには！

これだけは守りたい防災のポイント

◎日頃の状況把握、前兆現象の把握、早めの避難

①自分が住んでいるところ、生活しているところが、土砂災害警戒区域、土砂災害特別警戒区域に指定されているか、確認しておく。

②ラジオやテレビ、インターネットなどで情報を集め、市区町村から避難勧告などが発令されるなど、土砂災害の発生が予測される場合には、速やかに安全な避難場所に避難する。

③市区町村からの指示がなくても、危険を感じた場合、あるいは前兆現象を確認した場合

には、行政の判断をまたずに避難を検討する。余裕があれば、行政に前兆現象を連絡。
④夜間などで避難が難しい場合には、斜面やがけから離れた部屋や2階で過ごす。

覚えておきたい「土砂災害」の種類と、主な前兆現象

①がけ崩れ（土砂崩れ、斜面崩壊）
都市周辺の台地の急斜面や切り土斜面から土砂が崩れ落ちる。100メートルくらいの狭い地域。発生する危険がある斜面は、傾斜30度以上、高さ5メートル以上。

前兆現象……斜面に割れ目が見える。斜面から水が湧き出る。湧き出ていた水が濁る、止まる。異様な音や臭い。
②地すべり
緩い斜面において、ゆっくり長時間にわたって土砂が移動する。

前兆現象……斜面に割れ目が見える。斜面から水が湧き出る。湧き出ていた沢や井戸の水が濁る。家屋などの構造物に亀裂ができる。樹木や電柱などが傾く。土煙が発生する。山が動く。木がざわざわ動く。

③土石流

土砂や岩石が多量の水とともに粥状になって、谷や渓流を流れ落ちる。数キロも離れた地域まで大量の土砂・岩石を押し流す。

前兆現象……普段聞きなれない大きな音、異様な音が聞こえる（山鳴り、石のぶつかる音）。異様な臭い（土や木の葉が腐ったような臭い）。川の流れが濁り、流木が混ざる。雨が降り続いているのに川の水位が下がる。火花が見える。土煙が発生する。山が動く。木がざわざわ動く。

◎大雨のときに注意するべき気象情報

最新の気象庁の防災情報をもっと活用しましょう

注意することは、前章の「大雨（洪水・浸水害）」と同じです。大事なことなので、ここでもくりかえします。

①「大雨警報」「洪水警報」「大雨特別警報」などが発表される

できれば「大雨注意報」「洪水注意報」の段階から、注意して推移を見守りましょう。なお、大雨警報は、警戒する事柄について、土砂災害、浸水害と区別して発表されます。

「大雨特別警報」は、数十年に一度の豪雨が予想されるなど、重大な災害の起こるおそれが著しく大きい場合に発表されます。これまで経験したことのないような非常に危険な状況にあることから、周囲の状況や市町村から発表される避難指示・避難勧告などの情報に留意し、「ただちに命を守るための行動」をとってください。特別警報が発表されたときには既に避難が困難になっている場合も考えられます。確実に命を守るためには、段階的に発表される注意報・警報などの情報や、自治体からの情報に注意し、早め早めに行動することが大切です。

②「土砂災害警戒情報」が発表される

大雨による土砂災害の危険度が高まった市町村を特定して、都道府県と気象庁共同で発表されます。警報発表時に、さらに警戒を促す情報として発表されるので、ホームページやテレビなどで確認しましょう。

③「指定河川洪水予報」が発表される

指定された河川の水位、または流量を5段階のレベルで示した予報のことです。

レベル1　洪水予報なし　水防団待機水位
レベル2　○○○川氾濫注意情報　氾濫注意水位
レベル3　○○○川氾濫警戒情報　避難判断水位
レベル4　○○○川氾濫危険情報　氾濫危険水位
レベル5　○○○川氾濫発生情報　氾濫の発生

レベル3で避難準備をはじめ、自主避難を検討してください。レベル4は自治体が避難勧告を検討するレベルで、いつ氾濫してもおかしくない状態です。

④「記録的短時間大雨情報」が発表される

数年に一度くらいしか発生しないような、激しい短時間の大雨（1時間に100ミリ前後の雨）が観測、解析されたときに発表されます。この情報が、自分が住んでいる地域に流れる川の上流域で観測された場合は、その後、川の増水、氾濫が予想されるので警戒が必要です。

⑤「記録的な大雨に関する情報」が発表される

短い文章で災害への危機感を喚起する情報です。「これまでに経験したことのない大雨。厳重に警戒を」など、気象情報として伝えられます。２０１２年６月から実施されるようになりました。

まとめ

近隣の土砂災害警戒地域を把握する！

前兆現象をとらえ、早めの避難行動を！

避難が難しい場合は、がけから離れた部屋や２階に移動！

④ 雷

伊藤佳子アナウンサーが
お伝えします

事例 太平洋側では夏に多く、日本海側では冬に多い「雷」

ピカッ　ゴロゴロゴロ　ドッカーン！

小学4年の夏休み、プールからの帰りでした。ものすごい雷鳴と大粒の雨の中、友達と必死で自転車をこいで家路を目指しましたが、本当に怖かった……。運よく事故にも落雷にもあわず帰宅できましたが、みなさんも、一度はそういう経験をお持ちなのでは？　今なら、とにかく建物の中に入って雷雲がなくなるのを待つでしょう。しかし子どもならそういうときどうすればよいか、判断できないかもしれません。

全国で、落雷で亡くなったり、ケガをされた方は、年平均13人にのぼっています。雷雲の兆候がみられたら、早めに建物や車の中など、安全な場所に避難することが大切です。雷は、海の上・平野・山など場所を選ばずに落ちます。グラウンドやゴルフ場、堤防や砂浜、海上などの開けた場所、山頂や尾根などの高い所などでは、人に落雷しやすくなります。

☂木の下の雨宿りは危険！

▼2005年7月7日、神奈川県藤沢市の公園で、松の大木の下で雨宿りをしていた母子2人が落雷で死亡しました。

▼2012年5月6日、埼玉県桶川市で犬の散歩中に、木の下で雨宿りをしていた母子が落雷にあい、小学生の女の子が死亡しました。

▼2012年8月18日、大阪市の長居公園にある野外イベント会場で落雷が相次ぎ、10人が負傷、木の下で雨宿りをしていた女性2人が死亡しました。

▼2013年7月8日、東京都北区の荒川河川敷で樹木に落雷。木の下で雨宿りをしていた男性3人のうち1人が死亡、2人がケガ。当時の新聞などによりますと、3人は荒川沿いで一緒に釣りをしていましたが、天候が急変したため、屋根のあるあずまやにいったん避難。風が強く横から吹きつけたため、そばにある高さ10メートル以上ある立ち木の下に

移動。近くにいた男性が「大きな木の下は危ない」と声をかけた直後、雷が落ちました。

急に雨が降りだすと、木の下で雨宿りをする人は少なくありません。でも雷が鳴っているときは大変危険です。雷は高い木に落ちやすく、雨宿りしていた木に落雷すると、木の枝や幹から近くの物体、この場合人の体に、電気が流れる「側撃雷」を受ける可能性があります。人の体はイオンを含む体液があるので、非常に電気を通しやすく、木は電気抵抗が大きいため、木に流れた電流が近くの人間により多く流れてしまうのです。

♣グラウンドやゴルフ場、堤防など開けた場所も要注意！

▼２００５年８月23日、東京都江戸川区の江戸川河川敷で、高校生の軟式野球の試合中、２塁ベース後方の芝生に落雷。ライトを守っていた生徒と二塁塁審をしていた生徒が感電して負傷しました。

▼２０１２年８月18日、滋賀県大津市の農道を１人でジョギングしていた男子中学生に落雷。意識不明の重体となりました。

▼2014年8月6日、愛知県扶桑町で野球の練習試合中に落雷。マウンド上にいて被雷した男子高校生が死亡しました。

遠くで雷の音が聞こえるけど空は晴れている。だんだん雷が近づいてきているのがちょっと気になる。そんなときに事故が起きてしまいました。

開けた場所では、雷鳴が聞こえたら、雨が降っていなくて晴れていても、落雷することがあります。グラウンド・河川敷・ゴルフ場・田畑など平地では、野球やゴルフのプレイ中、土手を自転車で走行中に落雷したケースもあります。

海や砂浜でも落雷に注意！

▼2005年7月31日、千葉県白子町の中里海岸で、海水浴客9人が雷に打たれ、2人が意識不明の重体、32歳の男性1人が翌日、電気ショックが原因の脳症や急性心不全などの合併症で死亡しました。

海辺に暖かく湿った空気が入り、気温も30度近くまで上がり日射も強い中、上空に寒気が入り大気の状態は不安定、雷雲が発生しました。銚子地方気象台が「雷注意報」を出したのは午前11時48分。正午前には雷雨となり、午後0時35分ごろ落雷。海水浴場は正午に「遊泳注意」の旗を掲げ、監視員が海水浴客を陸に誘導し始めましたが、「遊泳禁止」に切り替えたのは、落雷があった後でした。

海に雷が落ちることはないのでは？と思う方も少なくないかもしれません。海上は基本的に何もないので、サーファーに落ちることもありますし、どこにでも落ちます。海の中にいて近くに落雷があると、電流も広い範囲に流れ、直撃しなくても感電して溺れたり、心停止するほどのショックを受けたり、たいへん危険です。

対策 危険から身を守るためには！

これだけは守りたい防災のポイント

◎落雷事故を防ぐ方法は４つ

１　雷鳴が聞こえたら、すぐ建物や車の中に避難しましょう！

雷鳴が遠くても、雷雲はすぐに近づいてきます。屋外にいる人はすぐに屋内や車の中に避難してください。落雷事故は、雷鳴が聞こえるか、聞こえないかという段階で発生しています。

２　建物や車が近くにないときは、大きな木や電柱などから離れて、身をかがめましょう！

雨宿りで木の下に入るのはとても危険です。大きな木や電柱からは4メートル以上離れてください。周囲が開けた場所も危険です。ゴルフ・サッカー・野球などの屋外スポーツ、公園・海・山でのレジャーも、雷に注意が必要です。

近くに避難する場所がない場合は、くぼ地などを選んで姿勢を低くしましょう。低い姿勢をとるときは、寝そべらず、両足の間隔を狭くしてしゃがむようにしてください。（図7）寝そべると、近くに雷が落ちたときに地面を伝わる電流でケガをします。

山に登るときは、事前に天気予報をしっかりチェックしましょう。山の尾根や頂上付近で樹木もないような岩場で雷雲が近づいてきたら、一人ずつ散らばって、山の稜線を避け、くぼ地などに入ってできるだけ低い姿勢をとりましょう。テントの中はポールに落雷する危険があります。

海水浴・サーフィン・ボート遊びなどの最中に雷雲が近づいてきたら、直ちに岸に上がり、建物や車の中に避難してください。

図7　低い姿勢のとり方

3　長い物は、体から離して地面に寝かせましょう！

長い物体は落雷を誘発します。雷雲が近づいてきたら、傘・バット・ゴルフクラブ・釣竿・杖・ピッケルなどを体より高く突きだすことは絶対してはいけません！　金属である、なしにかかわらず、体から離して、地面に寝かせてください。

4　家の中でゴロゴロ聞こえてきたら、家電製品が壊れることも！

雷が電源線などを伝わって、パソコン・電話機（ファックス）・テレビなどの家電製品を破損させることがあります。場合によっては、電源部分がショートして火事になることもあります。

市販の雷対策製品を取りつける方法もありますが、家にいるなら、コンセントを抜くのもかんたんな方法です。

雷鳴が遠くても、雷雲はすぐに近づいてきます。光と音で雷のおよその距離を知ることができます。光の速さの方が音の速さより早いからです。「ピカッ」のあと3秒後に「ゴロゴロ」で、およそ1キロ離れているといわれています。「ピカッ」と「ゴロゴロ」の間が短ければ、それだけ雷も近くに来ているというわけです。

また落雷事故は、雷鳴が聞こえるか聞こえないかという段階で発生しています。雷が遠くても、AMラジオを聴いていると、雑音《ノイズ》が入るのでわかります。

よく金属を身につけていると雷が落ちやすいと言われますが、雷は金属を見分けているわけではありません。雷鳴が聞こえたので、あわてて金属を外すより、早く室内などの安全な場所に避難しましょう。

◎こんなときは注意しましょう

天気予報で……

前日や当日の予報で「雷を伴う」「大気の状態が不安定」というキーワードが出てくる。

「雷注意報」が発表される。

「積乱雲（雷雲）が近づく兆し」が見える。「積乱雲（雷雲）が近づく兆し」とは？

空を見上げると……

急に黒い雲がむくむくとふくらんでくる。

真っ黒い雲が近づき、周囲が急に暗くなる。

雷鳴が聞こえたり、雷光が見えたりする。

ひやっとした冷たい風が吹きだす。

大粒の雨やひょうが降りだす。

☞口絵参照　おすすめの気象庁発表のデータ「雷ナウキャスト」

雷の可能性や激しさ（活動度）を1時間先まで10分単位で予想します。「雷ナウキャスト」は、気象庁ホームページ（http://www.jma.go.jp/）から「防災情報」をクリックし、「レーダー・ナウキャスト（雷）」を選ぶと見ることができます。

まとめ

ゴロゴロ聞こえたら、ただちに建物の中や自動車に避難！
木や電柱から4メートル以上離れる！
雨宿りで木の下に入るのは危険！
近くに避難する場所がない場合は、姿勢を低く！

⑤ 強風

伊藤佳子アナウンサーが
お伝えします

事例 強風・突風による事故多発！ 列車も倒す強風の威力

「風で飛ばされない？」

私は体重が40キロに満たず、人からこんなふうに言われることがあります。強風にあおられたとき、確かに何かにつかまらないと立っていられず、車道に飛び出しそうになり、電信柱につかまってしのいだことはあります。

強風は台風や竜巻などに限らず、春一番やダウンバースト（雷雲の中を上空の冷たい空気が爆発的に地上に吹き降りてきたもの）などが大きな被害をもたらすことがあります。

▼2005年12月25日、山形県庄内町のJR羽越線で、鉄橋を越えた直後の特急列車が強風にあおられて脱線・転覆し、5人が死亡、33人が重軽傷を負いました。

この日、日本海にあった低気圧が急速に発達、低気圧の中心に向かって庄内地方では強い南西の風が吹いていて、「暴風雪警報」が出されていました。

事故後ＪＲ東日本は、現場付近に防風柵を新設、風速計も増やすなどの強風対策を実施しました。また在来線の場合、風速が秒速20～25メートルで速度規制を行い、風速が秒速25メートル以上になると運転見合わせなどの対策を取っています。

▼２０１０年5月、東京都新宿区の建築現場付近で、立て掛けてあった木製コンパネと鉄製パイプでできた型枠が強風にあおられて倒れ、歩いていた52歳の男性を直撃、重傷を負いました。

▼２０１４年3月21日、東京都千代田区の日比谷公園で、強風でテントが次々と倒れるなどして、３人が負傷。当時「強風注意報」が発表されていました。

▼２０１５年12月11日、前線を伴う低気圧が近畿地方を通過し、各地で強い風雨に見舞われました。兵庫県神戸市の「神戸ルミナリエ」の会場では午前5時半ごろ、強風にあおられて、高さ約9メートルの電飾が倒壊しました。ケガ人はありませんでした。

▼2016年4月17日、低気圧の急速な発達に伴って、各地で強風が吹き荒れ、石川県・富山県で転倒によりそれぞれ1人が死亡。東京・隅田川で開かれた「早慶レガッタ」では、早稲田大学のボートが沈没。主催者側のボートも転覆、2人が水に落ちましたが、ケガはありませんでした。東京都足立区の工事現場では、高さおよそ30メートルの足場が崩落。多摩市でも解体工事中のビルを覆う鉄製パネルが強風にあおられ落下。神奈川では71歳の女性が転んで足を骨折したり、ミニバイクに乗った43歳の男性が転倒し肩を脱臼するなど、28人が重軽傷を負いました。

東京消防庁管内では、2006年から2010年の間に、強風・突風による事故により779人が救急搬送されていますが、子どもがケガをする事故も少なくありません。(総務省消防庁資料より)

▼2009年2月、8歳の男の子が、強風にあおられたドアで右手中指を挟み、切断しました。

▼2010年4月、母親が公園で、1歳の子どもを自転車の前かごに乗せたまま入園券

を購入していたとき、自転車が強風で倒れ、乗っていた子どもが頭を打ち負傷しました。

強風で看板やトタンなどが飛んできたり、木などが倒れてきたり、窓ガラスが割れて落ちてくることがあります。また、電線が切れて垂れ下がって感電する危険もあります。歩行者は転倒したり、傘をさしているときに風に飛ばされて車道に飛び出してしまったり、ドライバーの方は運転中にハンドルをとられることもあります。

風は息をしていると言われます。平均風速は10分間の平均で、最大瞬間風速はこの1・5～3倍以上になることがあります。地形の影響やビル風などで急に風が強まったり、突風が吹くこともあります。

対策 危険から身を守るためには！
これだけは守りたい防災のポイント

◎強風や突風がどんな危険をもたらすかを予測

「強風注意報」が発表されているか、台風や発達する低気圧が近づいていて天気図の等圧線が込み合っているか、天気予報をこまめにチェックしましょう。

外出は十分な注意を！

強風や突風のとき、特に小さな子どもや高齢の方は、外出はできるだけ控えるようにしましょう。また、強風で雨が降っているときは、十分に注意して傘をさしましょう。

看板、フェンス、テントなど飛ばされやすいものは固定を！

施設の管理者は、物が飛ばされないよう、確実に固定するなどの措置をしてください。工事現場などで、仮設の看板やフェンスなどが強風で落下したり、転倒したりして、歩行者がケガをする事故も起きています。

植木鉢、物干し竿など、ベランダに置いてあるものは片づける！

強風や突風が予想されるときは、ベランダの植木鉢や物干し竿など飛びやすいものは室内に取りこむか、しっかり固定しておきましょう。強風で物干し竿が落下した例もあり、特にマンションの高層階では注意が必要です。

子どもを自転車・ベビーカーなどに乗せたまま、その場を離れない！

ベビーカーや自転車などに乗せられた子どもが、保護者が一瞬その場を離れたすきに、強風や突風にあおられ転倒してケガをする事故が多発しています。ほんの少しの時間でも、子どもは自転車から降ろして一緒に行動するなど、目や手を離さないようにしましょう。

ドアに指が挟まれないよう注意！

ドアは、強風や突風で急に開閉されて、指が挟まれ骨折したり、切断することもあります。特に小さな子どもには気をつけて、大人がドアの開け閉めをしましょう。

イベントやスポーツ中の事故にも注意！

イベントの参加者が設置したテントの下敷きになったり、サッカーをしているときに、

図８　突風分布図（全国：1991～2014 年（気象庁 2015年6月19日作成）（気象庁ホームページより）

図９　強風の影響で倒壊した工事現場の足場（東京足立区、2016 年４月 17 日）（時事通信提供）

ゴールポストなどの下敷きになる事故が起きています。イベントやスポーツ中に強風が予想されるときには、主催者はイベントの中止も含め、安全第一の判断を心がけてください。

強風のとき、ドライバーはまずスピードを落とす!

突風や強風の吹きやすい所は、山間部の谷間・橋の上・トンネルの出口・山の切り通しの終点・防音壁の切れ目などです。トンネル出口や橋の上にさしかかったら、減速する準備をしておきましょう。

まとめ

できるだけ外出は避ける!
交通機関の乱れも考えて、時間に余裕をもった行動を!
飛んでくる物・倒れてくる物に気をつけて、自分も物を飛ばさない!

（気象庁資料より作成）

屋外・樹木の様子	走行中の車	建造物	おおよその瞬間風速（m/s）
樹木全体が揺れ始める。 電線が揺れ始める。	道路の吹流しの角度が水平になり、高速運転中では横風に流される感覚を受ける。	樋（とい）が揺れ始める。	
電線が鳴り始める。 看板やトタン板が外れ始める。	高速運転中では、横風に流される感覚が大きくなる。	屋根瓦・屋根葺材がはがれるものがある。 雨戸やシャッターが揺れる。	20
細い木の幹が折れたり、根の張っていない木が倒れ始める。 看板が落下・飛散する。 道路標識が傾く。	通常の速度で運転するのが 困難になる。	屋根瓦・屋根葺材が飛散するものがある。 固定されていないプレハブ小屋が移動、転倒する。 ビニールハウスのフィルム（被覆材）が広範囲に破れる。	30
	走行中のトラックが横転する。 車の運転は危険	固定の不十分な金属屋根の葺材がめくれる。 養生の不十分な仮設足場が崩落する。	40
多くの樹木が倒れる。 電柱や街灯で倒れるものがある。 ブロック壁で倒壊するものがある。		外装材が広範囲にわたって飛散し、下地材が露出するものがある。	50
		住家で倒壊するものがある。 鉄骨構造物で変形するものがある。	60

2. 風速が同じであっても、対象となる建物、構造物の状態や風の吹き方によって被害が異なる場合があります。この表では、ある風速が観測された際に、通常発生する現象や被害を記述していますので、これより大きな被害が発生したり、逆に小さな被害にとどまる場合もあります。
3. 人や物への影響は日本風工学会の「瞬間風速と人や街の様子との関係」を参考に作成しています。今後、表現など実状と合わなくなった場合には内容を変更することがあります。

⑤ 強風

図10　風の強さと吹き方

風の強さ（予報用語）	平均風速（m/s）	おおよその時速	速さの目安	人への影響
やや強い風	10以上 15未満	～50km	一般道路の自動車	風に向かって歩きにくくなる。傘がさせない。 
強い風	15以上 20未満	～70km		風に向かって歩けなくなり、転倒する人も出る。高所での作業はきわめて危険。 
非常に強い風	20以上 25未満	～90km	高速道路の自動車	何かにつかまっていないと立っていられない。飛来物によって負傷するおそれがある。 
	25以上 30未満	～110km		屋外での行動は極めて危険。 
猛烈な風	30以上 35未満	～125km	特急電車	
	35以上 40未満	～140km		
	40以上	140km～		

（注1）平均風速は10分間の平均、瞬間風速は3秒間の平均です。風の吹き方は絶えず強弱の変動があり、瞬間風速は平均風速の1.5倍程度になることが多いですが、大気の状態が不安定な場合等は3倍以上になることがあります。

（注2）この表を使用される際は、次の3点にご注意下さい。

1. 風速は地形や廻りの建物などに影響されますので、その場所での風速は近くにある観測所の値と大きく異なることがあります。

⑥ 竜巻

伊藤佳子アナウンサーが
お伝えします

事例 あっという間に迫る竜巻に何もできず。通過後の痛ましい爪痕

道路の電信柱は、数本が斜めに傾いている。1階部分だけ見ると新しいきれいな家なのに、2階を見ると窓は割れ、屋根が吹き飛ばされている。はるか上空の電線には、はぎ取られたアルミの板がひっかかって風に揺れている……。

竜巻被害の翌日目にした様子。自然の力は本当に恐ろしいものです。

「竜巻」とは、積乱雲から垂れ下がる、直径数10メートルから数百メートルの激しい渦巻きです。長さ数キロメートルの範囲に集中しますが、数十キロメートルに達したこともあります。発生する範囲が局地的で、短時間で消えるため、予測はかなり難しく、発生する原因も正確にはわかっていません。寒冷前線・台風・低気圧による、発達した積乱雲に伴って発生します。

ちなみに日差しの強い校庭などで「つむじ風」が起こることがありますが、つむじ風の上空には「親雲」はありません。竜巻には「親雲」＝積乱雲があるのです。これが「つむじ風」と「竜巻」の大きな違いです。

☂積乱雲が近づく兆しがあったら注意！

▼2013年9月2日、埼玉県越谷市や松伏町、千葉県野田市で竜巻が発生。合わせて600棟以上の家屋が被害を受け、67人がケガをしました。(図11)

翌日、埼玉県松伏町の現場に行き、被害にあった方たちに話を伺いました。みなさんがまずおっしゃることは「こんなことは初めて」でした。

「黒い雲の渦があっという間に近づいてきた。主人が1階の工場のシャッターをぎりぎり下ろした。自分はおばあちゃんと家の奥に避難した」「黒い雲がゴミを巻き上げながら、近づいてくるのが見えたが、速くて何もできなかった」「竜巻が迫ってくるのが見えた。2階のカーテンを閉めるだけで精一杯だった」などなど。

今まで体験したことのない気象災害にあったとき、頭でわかっていてもすぐに行動に移すことは本当に難しいのですね。「びっくりして何もできなかった」「最初ビデオを録っていたが、やばいと思って雨戸を閉めた」という方もいらっしゃいました。

また、竜巻の通り道には当たらなかった近隣の方たちも、「急に空が暗くなって風が吹き始めた」と積乱雲が近づく兆しを語っていました。

図11　竜巻発生翌日の埼玉県松伏町の被災状況（2013年9月3日著者撮影）

▼２０１２年５月６日、茨城県つくば市北条地区で竜巻が発生。中学３年生の男子生徒が死亡、茨城・栃木合わせるとおよそ５８０棟が被害にあいました。

建物の中に入れば安全と言い切れない部分があります。亡くなった中学生は、当時家で

1人で留守番をしていました。2階建ての家が基礎の土台ごと持ち上げられ、ひっくり返って崩れ、家の下敷きになって亡くなりました。家の中に避難していても、命を落とすこともあるのです。痛ましいことです。

アメリカの竜巻頻発地域では、避難用の地下室があるそうですが、日本でも頑丈な建物の地下があれば地下、なければ1階の窓のない部屋に避難しましょう。

今いる所が安全かどうか、今より安全な場所はどこか、移動することが可能か自分で判断する、「自分の身は自分で守る」ことが大切です。

♣プレハブなどは危険、竜巻は日本のどこでも発生！（図12）

▼2006年11月7日、北海道佐呂間町の新佐呂間トンネル工事現場付近で、1961年以降全国の竜巻被害としては最悪の9人が死亡しました。

この日、報道にいた高橋小枝子アナウンサーが「北海道で、突風（竜巻）で数人亡くなったらしい。このあと気象庁でレク（記者レクチャー）があるから行ったらどうか」と教えてくれました。

気象庁に行くと「北海道東部はこれまで竜巻がほとんど起きない空白域」「過去35年間で、今回の現場、網走支庁管内は竜巻の記録はゼロ」との説明で、他社の記者たちも、「いままで竜巻が発生した記録がない地域なのか？」と何度も確認していました。

寒冷前線の通過時、風の収束と、地上付近の季節はずれの陽気・上空の寒気が重なり、積乱雲が発達した

図12　竜巻分布図（全国：1961～2015年）（気象庁2016年4月18日作成）（気象庁ホームページより）
竜巻は沿岸部で多く確認される傾向がみられますが、日本のどこでも発生する可能性があります！

のです。竜巻はトンネル工事のプレハブ事務所兼宿舎を襲い、屋根も壁も吹き飛ばし、2階で会議中だった方たちが犠牲になりました。

台風シーズンの9月に発生が最も多く、列車脱線も！

▼1999年9月24日、愛知県豊橋市で、台風18号に伴って竜巻が発生。中学校の生徒およそ200人を含む415人が、割れたガラスなどでケガをしました。スイミングスクールでは屋根が飛び、トレーラーは横転、全半壊した家屋はおよそ350棟にのぼりました。

▼2006年9月17日、宮崎県延岡市で、台風13号に伴って竜巻が発生。3人が死亡。重さ40トンもの列車が脱線し横転しましたが、停止もしくはかなり減速していたため、ケガをした乗客・運転士あわせて6人は比較的軽傷でした。

台風から遠く離れたところでも大気の状態が不安定となり、竜巻が発生することがあります。

対策 危険から身を守るためには！

これだけは守りたい防災のポイント

◎発達した積乱雲に注意

発達した積乱雲が近づく兆しが見えたら、すぐに頑丈な建物の中に避難！

「発達した積乱雲が近づく兆し」とは？

急に黒い雲がむくむくとふくらんでくる。

真っ黒い雲が近づき、周囲が急に暗くなる。

雷鳴が聞こえたり、雷光が見えたりする。

ひやっとした冷たい風が吹きだす。

大粒の雨やひょうが降りだす。

避難するときは、屋根瓦など飛んでくる物に注意しましょう。建物の構造が頑丈ではないので、車庫・物置・プレハブへの避難は危険です。

屋内にいるときは？（図13）

①家の1階の窓のない部屋に移動する。
②窓や雨戸、カーテンを閉める。
③窓から離れる。大きなガラス窓の下や周囲は大変危険です！
④丈夫な机やテーブルの下に入るなど、身を小さくして頭を守る。

屋外にいるときは？（図14）

図13　窓が割れると危険なので、雨戸やカーテンを閉める。

①頑丈な建造物の物陰やくぼみに入って、身を小さくする。
②シャッターを閉める。
③電柱や太い樹木であっても倒壊することがあって危険です。

外出するときは、事前にテレビ、ラジオ、インターネットなどで天気予報と雷注意報を確認しましょう。もし、「大気の状態が不安定」「竜巻などの激しい突風」などの言葉が使われていたら、天気の急変に備えましょう。

図 14　頑丈な建物の中や陰に逃げる。

❀「竜巻注意情報」が発表されたら？

周囲の空の様子に注意しましょう。安全確保にある程度時間がかかる場合は、早めの避難開始が大切です。

人が大勢集まる屋外での行事で、テントを使う場合や子どもや高齢の方を含む場合は、早めの判断が大事です。また、クレーンや足場などでの高所作業のときは、早めの避難開始を心がけてください。

「竜巻注意情報」とは、今まさに竜巻の発生しやすい気象状況になっていることを知らせるものです。発表からおよそ1時間が有効期間、情報は都道府県単位で発表されます。竜巻だけでなく、積乱雲の下で発生する激しい突風（ダウンバースト・ガストフロント）も対象としています。

ダウンバーストとは、雷雲の中を上空の冷たい空気が、爆発的に地上に吹き降りてきたものをいいます。ガストフロントとは、積乱雲の下にたまった冷たい空気が流れ出し、まわりの暖かい空気との間にできた前線のことで、突風前線とも呼ばれます。

この「竜巻注意情報」の精度は1〜9％ですが、目撃情報も発表されるようになっており、より危険を認識できるようになっています。

進歩した観測による情報を活用！

竜巻などの突風は、規模が小さく、レーダーなどの観測機器で直接実体を捉えることができません。そこで気象庁では、竜巻を監視するレーダー「気象ドップラーレーダー」などから、竜巻が今にも発生する（または発生している）可能性の程度を推定し、これを発生確度という用語で表した「竜巻発生確度ナウキャスト」を発表しています。

また、離着陸時の航空機にとって、風の急変は非常に危険なものです。2016年3月には、羽田空港に最新鋭の「空港気象ドップラーレーダー」が導入されたので取材しました。（図15）より精度を上げて災害を回避できるよう、気象についての技術は進歩しているのです。

気象庁ではほかにも、降水、雷の「レーダー・ナウキャスト」を発表していますので、活用しましょう。

図 15　空港気象ドップラーレーダー（著者撮影）

☞口絵参照　おすすめの気象庁発表のデータ「竜巻発生確度ナウキャスト」

「竜巻発生確度ナウキャスト」は、気象庁ホームページ（http://www.jma.go.jp/）から「防災情報」をクリックし、「レーダー・ナウキャスト（竜巻）」を選ぶと見ることができます。

まとめ

発達した積乱雲が近づく兆しがある場合、速やかに頑丈な建物の中に避難！
竜巻が間近に迫ったら、すぐに身を守る行動を！　ただちに頑丈な建物の中へ！
避難できない場合は、物陰やくぼみに身をふせましょう。
屋内でも窓や壁から離れる！

7 花粉症

事例 春、木々の芽吹きとともにやってくる不快な症状にうんざり

「花粉症」とは?

最近は年末頃から、翌春の花粉飛散予測が各気象情報会社から出されます。そのニュースを聴いて、「ああ、またあの不快な季節がやってくるのか」とため息をつく方も多いと思います。私も花粉症になって20年くらい。春先の木々が芽吹く美しい時期にマスクをして、ずっと風邪のような症状と戦わなければならないと思うとうんざりします。

花粉症とは、花粉に対して人間の体が起こすアレルギー反応です。身体の免疫反応が花粉に過剰に反応して、くしゃみ、鼻水、鼻づまり、目のかゆみなどの症状がでます。

鼻と目は外気に接しているため花粉に触れる機会が多く、また免疫反応に関係が深い粘膜組織をもっていることから、花粉に対するアレルギー症状が起きやすいといわれていま

す。

花粉を多く吸い込むと、花粉に対する抗体が産み出されます。これが一定量を超えるとアレルギー症状を引き起こすと考えられています。花粉を「くしゃみ」で吹き飛ばしたり、「鼻水」や「涙」で洗い流したり、身体の外に出そうとしているのですね。

花粉症を引き起こすのは、主にスギやヒノキの花粉です。木材資源確保などを目的として昭和20年代から40年代までに、全国でスギ・ヒノキの植林が行われたものの、国産の木材利用低迷などで伐採が進まず、花粉を多くつける樹齢30年以上の木が多くなっているため、長期的にはスギ・ヒノキ花粉の飛散量は増加しています。

また、温暖化の影響で花粉が多く産みだされるようになっているともいわれています。スギ花粉は軽いため、風に乗って遠くから運ばれてきます。２００キロ以上離れたスギ林から東京都心まで飛んでくることもあるのです。スギ花粉の飛散を減らす取り組みとして、花粉の多い木の抜き取りや、花粉の少ないスギへの品種改良の取り組みが行われています。

ちなみにスギは日本特有の木で、中国の一部にもありますが、数が少なく、スギ花粉症が問題となっているのは日本だけのようです。

花粉の種類と飛散時期

関東では、2月～4月はスギ花粉、4月～5月はヒノキ、6月～8月はカモガヤなどのイネ科花粉、8月～10月はブタクサやヨモギなどの雑草類。北海道と本州の一部では、4月～6月にかけては口の中が痒くなる口腔アレルギー症候群と関係が深いシラカバが飛散します。地域によって飛散する花粉や時期が違うのです。

スギ、ヒノキの花粉予測について

前年の夏の気象条件が大きく影響します。夏暑いと花粉数が多く、涼しいと少ない傾向です。主に7月中旬から下旬の気温と、7月中旬から8月中旬の日照が影響します。ヒノキは気温と雨量の影響が大きく、スギは雨量の影響が小さいです。また、前年多いと翌年減少する傾向にあります。

スギ花粉は雄花から飛びます。ひとつの花は米粒大で、1個の花に40万個の花粉がついており、ひとつの大きさは約30ミクロン（30ミクロン＝0・03ミリメートル、ちなみに黄砂は4ミクロン、PM2・5は0・1～0・3ミクロン）です。

◆花粉症患者の数は？

全国の耳鼻咽喉科医とその家族を対象とした２００８年１月〜４月の鼻アレルギー全国疫学調査において、花粉症の人は29・８％との報告があり、日本では３０００万人以上の患者さんがいることになります。日本でもっとも多い病気は高血圧性疾患で、１０１０万人余りですので、花粉症患者は約３倍ということになります（厚生労働省「２０１４年患者調査の概況」）。花粉飛散量が増加していることやさまざまな環境の変化によって、花粉症患者はさらに増えているようです。

若年層の花粉症患者も急増しています。東京都で１９８３年〜１９８７年度に実施された第一回花粉症実態調査では、０〜14歳の推定有病率は２・４％、１９９６年度の第二回調査では８・７％、２００６年度の第三回調査では26・３％と、約20年で10倍以上に増加しています。他の年齢層では２〜５倍の増加ですので、若年層で明らかに増加しています。

（東京都保健福祉局、花粉症患者実態調査報告書２００７年９月）

対策 危険から身を守るためには！
これだけは守りたい防災のポイント

◎「不快な花粉症」という寝た子を起こさないために

花粉をできるだけ吸い込まない！

花粉症の人はもちろんのこと、花粉症ではない人も出来るだけ花粉を吸い込まないように気をつけることが大切です。現在花粉症でない人も、花粉を吸い続けていると、やがて花粉症を発症する可能性があります。花粉症にならないための一番の予防法は、花粉を体内に取り込まないことです。

花粉を避ける三原則は「吸わない」「浴びない」「持ち込まない」。

①吸わない……メガネ、マスク、帽子などでできるだけ花粉が目や鼻につかない工夫をしましょう。

②浴びない……不要不急の外出を避けましょう。

③持ち込まない……帰宅したときには服や髪の毛についた花粉を払い落としてから家に入り、うがい、手洗い、洗顔をしましょう。室内になるべく花粉を入れないようにしましょう。掃除の際は、掃除機だけでなく濡れ雑巾で拭くのも効果的です。洗濯物は屋内に干すのがよいでしょう。布団も布団乾燥機などを利用して、できるだけ屋外に出さないほうがよいです。屋外に干した際は、掃除機で吸い取ると、ある程度花粉を除去できます。

花粉が多く飛びやすい日を意識する！

スギやヒノキの花粉の飛散時期は年によって多少変わりますが、東京では2月から5月上旬までです。飛び始めてから徐々に増え、スギ花粉は3月、ヒノキ花粉は4月に特に多くなってきます。

また次のような日時は、花粉が多く飛散します。

①気温が高めの日（特に2～3日気温が高いと、その後に大量の花粉が飛散します）
②雨上がりの翌日の晴れの日
③風が強く晴れて乾燥した日
④スギ林の方から風が吹いてくる日（残念ながら、東京ではどこからでも飛んできます……）
⑤昼前後と日没前後の時間帯
天気予報に基づいて花粉飛散予測なども出ますので、お住まいの地域の情報を参考にしてください。

日常生活の心得ひとつで症状を軽減！

①風邪をひかない……粘膜の上皮が弱くなるため、花粉症の症状がひどくなることがあります。
②お酒を飲み過ぎない……お酒は鼻づまりを悪化させるので控えましょう。
③タバコを控えめに……タバコは粘膜を傷つけるので控えましょう。
そのほか、寝不足や過労に注意し、規則正しい生活を送ることが大切です。また、バラ

ンスのよい食生活を心がけましょう。（特定の食材を摂ることで症状が大きく改善するような効果は、今のところ確認されていません。）

◎花粉症の症状が出ても慌てず医療機関へ

症状がでたら？

目のかゆみやくしゃみ、鼻水など、花粉症と疑われる症状が出たら、医療機関で検査し、治療の計画を立てましょう。花粉症だと思っていたら、別の物質のアレルギーだったり、別の病気だったりすることも考えられます。

診療科は、鼻に症状が出ているときには耳鼻咽喉科、目のかゆみがひどい場合は眼科、そのほか内科、アレルギー科、子どもの場合は小児科でも診療が受けられます。

検査の方法は、血液検査や、皮膚でアレルギー反応を調べるスクラッチテストなどがあります。耳鼻科では直接鼻の状態を見る診察もあります。

●症状を抑える治療

予防的な治療として、花粉飛散開始とともに、あるいは症状が出始めたときから、症状を抑える薬を服用するのが有効です。花粉に敏感な人は、花粉飛散開始日の2週間ほど前から対策をとる必要があります。

症状が出てからは、症状を軽くする薬の使用が中心です。症状が重い場合には、鼻噴霧用ステロイド薬を使うことがあります。医療機関で行う薬物療法のほかに、手術療法、減感作療法があります。減感作療法で完治する方もいますが、その確率は高くありません。また副作用の問題や治療に長い期間がかかるために、新しい減感作療法の研究が進められています。

舌下免疫療法は、舌の下に抗原エキスを入れる根本的治療法で、2006年6月～2009年4月の東京都の臨床研究の結果、症状消失または軽減した例が7割でした。重篤な副作用は一例もなく、安全性も確認されています。2014年1月に製造販売が承認され、秋に保険適用としての使用が開始されました。新たな治療法として期待できます。

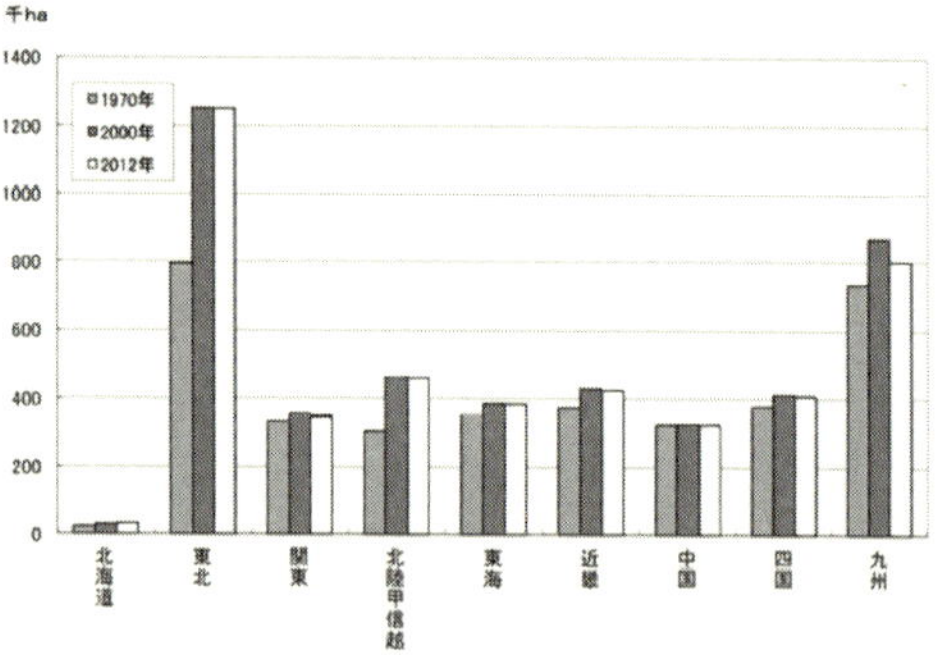

図16　地方別スギ面積

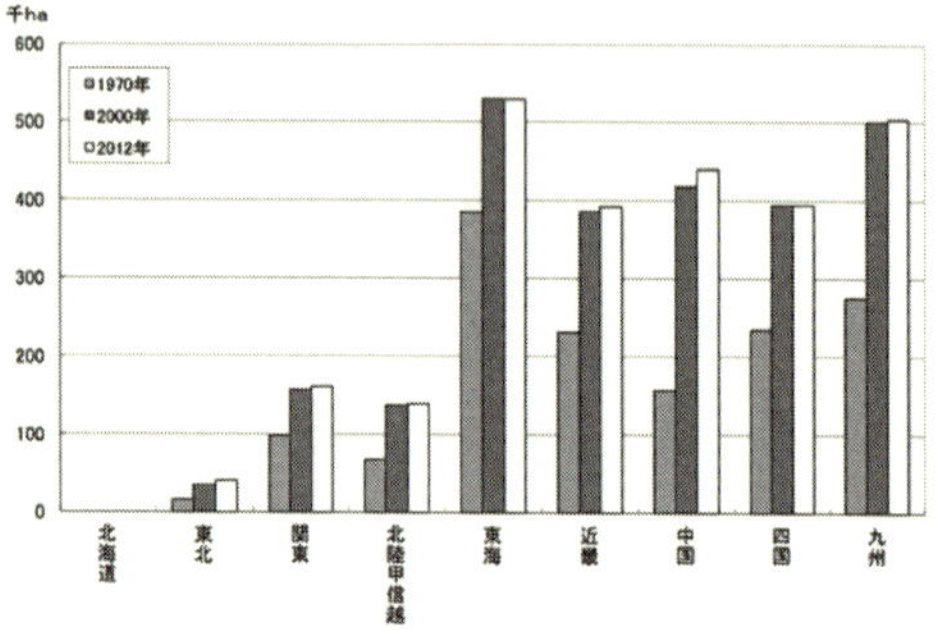

図17　地方別ヒノキ面積

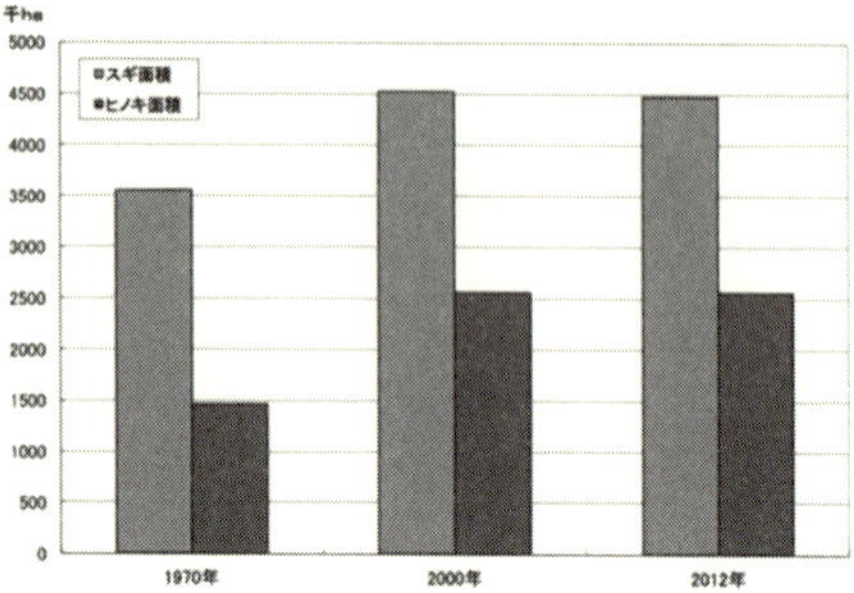

図18　全国スギ・ヒノキ面積

（環境省「花粉症環境保健マニュアル」より）

まとめ

花粉をできるだけ取り込まない工夫を！

早めの対応を！

⑧ 熱中症

伊藤佳子アナウンサーが
お伝えします

事例 死亡率がもっとも高い気象災害、本当にコワイ熱中症

熱中症は「気象災害」の中で、もっとも亡くなる方の数が多い災害といえます。これまでもっとも暑かった2010年には1745人、1994年以降、年平均およそ500人の方が亡くなっています。

私自身、「これが熱中症か！」と実感したのは、当時1歳未満だった娘の症状でした。5月の急に暑くなった日、当時4歳だった長男の希望で、近所で行われたキャラクターショーを見に行ったのです。帽子をかぶせ、頻繁にお茶を飲ませていましたが、大人も具合が悪くなるような蒸し暑さと日差しで、帰宅してから39度の高熱が出ました。風邪の症状はまったくなく、解熱剤の座薬で一時的に体温は下がるものの、薬が切れるとまたボンと上がってしまいます。医師から首、わきの下、ももの付け根を、保冷剤を布にまいて冷

やすよう指示を受けその通りにしたところ、翌日には熱も下がり、ホッとしたのを覚えています。

温暖化とヒートアイランド現象で、大都市の熱帯夜・真夏日は増加。東京の30度以上の時間数は、この30年で2倍になっています。昔より確実に暑くなっています。（図19）

2015年には世界の年平均気温がこれまでの最高値を更新するなど、温暖化は深刻な状況で、熱ストレスによる死亡リスクは2050年代には1981〜2000年に比べて、およそ2倍（およそ1・8倍〜2・2倍）に達すると予測されています。

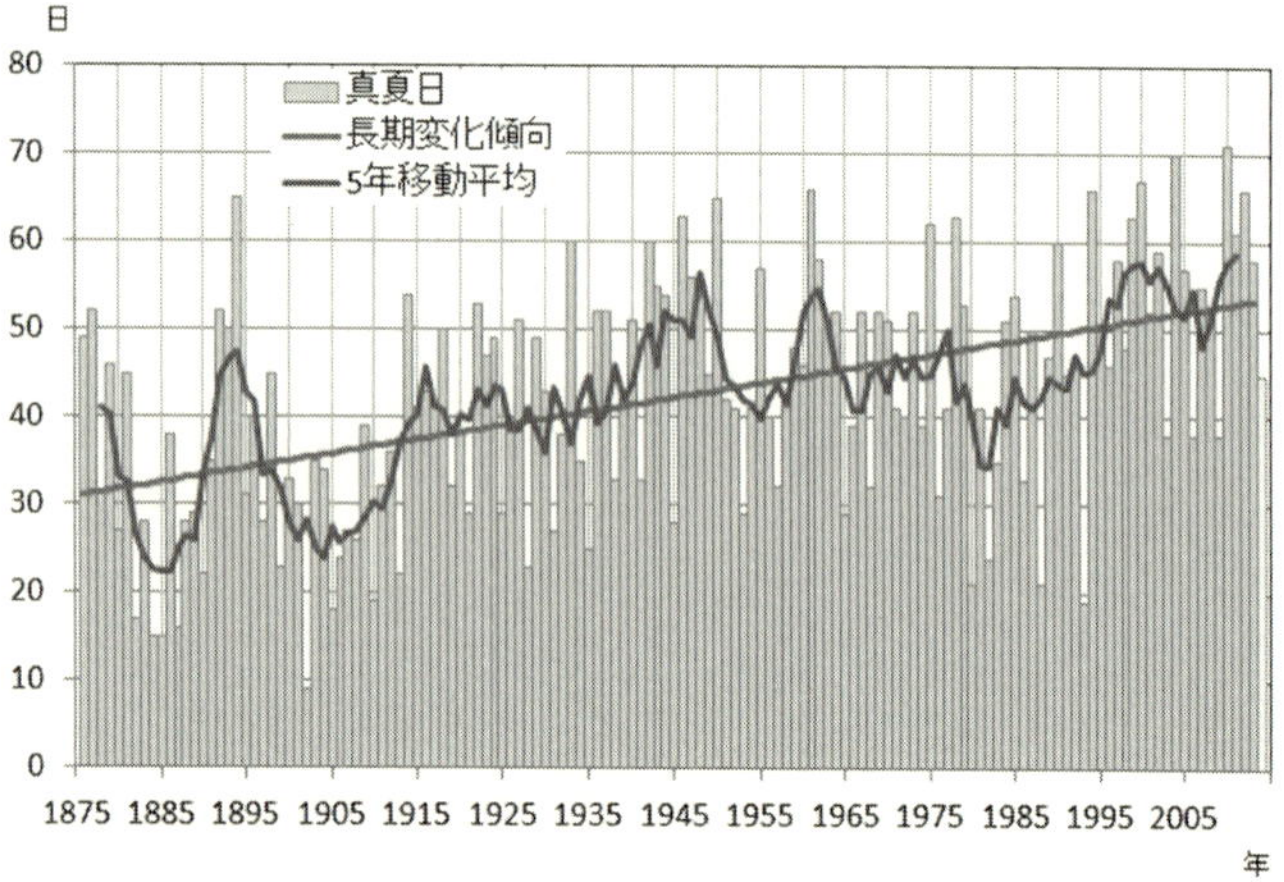

図19　東京管区気象台発表の真夏日日数（「東京管区気象台 気象変化レポート2015」より）

1　高齢者、住宅内での熱中症発生が半数を超える！

☂高齢者ほど重症化しやすい！

熱中症でもっとも注意すべきは高齢者です。昼も夜も暑い日が続くなか、数日かけて徐々に食欲や体力を失い、持病の悪化や感染症の併発などで死に至る例が目立ちます。2010〜2014年にかけて、犠牲者のおよそ8割が65歳以上の高齢者でした。

特に室内での発生が目立ちます。国立環境研究所の調査によると、高齢者の熱中症の発生場所の半数以上が住宅内でした。高齢者は長時間を室内に1人で過ごすことが多く、発見が遅れがちになるようです。

また、高齢者は皮膚で暑さを感じにくくなり、汗をかいて体温を調節する機能が低下しています。喉の渇きも感じにくくなり、無意識のうちに水分不足に陥りやすい上に、もともとの体内の水分量も成人より1割少ないのです。

夜も危険！

２０１０年には、室内のエアコンを使わず、窓を閉めたまま、寝室や布団で亡くなっている高齢者が相次ぎました。エアコンの風は体に悪いなど、エアコンを敬遠する方も少なくなく、夜トイレに行くのを避けるため、寝る前に水分を控える方も多いです。

断熱機能がない古い集合住宅や直射日光にさらされる最上階は、特に熱がたまりやすく、注意が必要です。夜になって外は気温が下がっても、多くの家の室内は気温が高いままで湿度はより高くなります。

2　スポーツ中の熱中症発生

梅雨明け時に多発！　高温多湿に体が慣れていないときは要注意！

学校での運動中の死亡事故は7月下旬がもっとも多く、7割が運動部の活動中でした。野球・ラグビー・柔道・サッカー・剣道・バスケットボールなどで、高校1年の男子が多くなっています。半分以上は持久走、ダッシュのくりかえしで発生しています。

▼2012年7月、新潟県の高校1年生の野球部員がランニング中に倒れ、熱中症で死亡しました。発見は翌日朝で、保護者が学校に連絡するまで誰も気づかなかったそうです。

▼2012年7月、山形県の高校2年生のラグビー部員が熱中症の症状を訴えて練習中に倒れ、搬送先の病院で2日後に死亡。倒れた日の山形市の最高気温は35・1度でした。

▼2015年8月、神奈川県の高校で、1年生の柔道部員が熱中症による多臓器不全のため死亡。午後から川の土手で坂道を上がる練習を数本行った後、異変が起きました。

3 働く人の熱中症発生

♣労働作業中の熱中症の死亡事故は、作業開始の初日に多発！

厚生労働省の調査によると 2010～2012年の3年間の調査で、業種別の熱中症の死亡災害の発生状況をみると、建設業がもっとも多く全体の約4割。次いで製造業で全体の約2割を占めています。
▼2012年7月、50代の男性が、高速道路工事現場で車両の誘導を行っていたところ、昼の12時頃に倒れ病院に搬送、数時間後に死亡しました。
▼2015年8月、青森市の60代の男性が、職場の資材置き場で草刈り作業中に体調不良を訴えて帰宅後、熱中症が原因で死亡しました。
職場での熱中症は高齢労働者に集中しておらず、30～50歳代で多く発生していて、また作業初日がもっとも多くなっています。

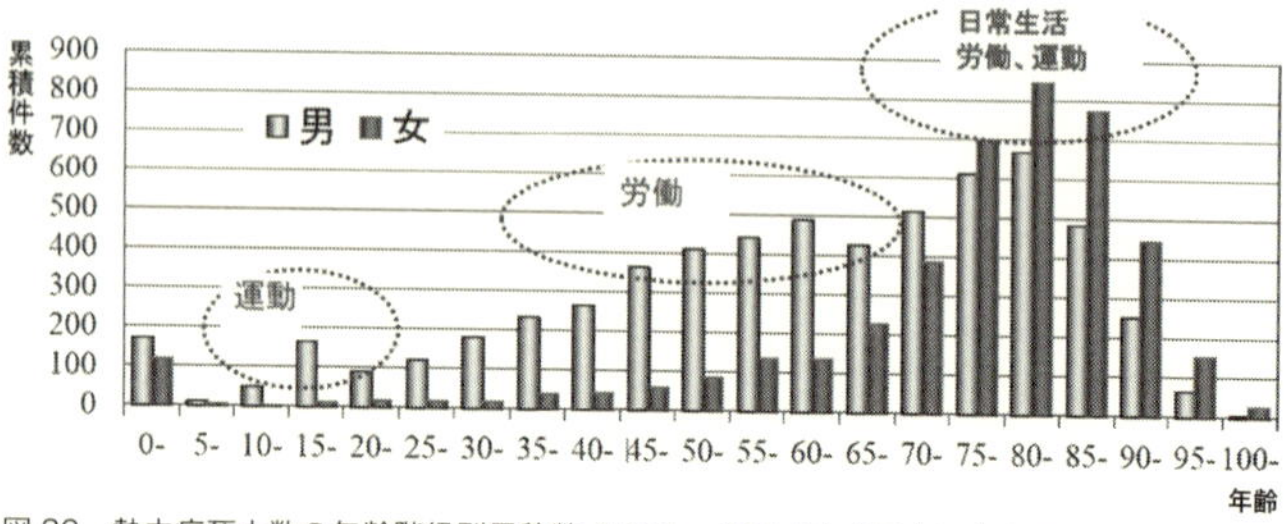

図20　熱中症死亡数の年齢階級別累積数（1968～2011年）（「平成26年度環境省 熱中症対策講習会資料」より）
犠牲者のおよそ8割が65歳以上の高齢者！

対策　危険から身を守るためには！
これだけは守りたい防災のポイント

◎すぐできる、熱中症を防ぐ6つの方法

①こまめな水分・塩分の補給！　のどが渇いたら必ず水分を補給しましょう。渇かなくてもこまめに補給しましょう。
②部屋の温度をこまめにチェック！　室温28度を超えないように、エアコン・扇風機を上手に使いましょう。遮光カーテン、すだれなどで直射日光を防ぎましょう。
③外出するときは日傘・帽子を使い、通気性の良い服装を！　日陰を歩いて、こまめに休憩を取りましょう。

④体調が悪いときは危険！　無理をしないようにしましょう。
⑤急に暑くなった日は注意！　暑い日は無理をしないようにしましょう。
⑥「高温注意情報」もチェック！　翌日または当日の最高気温が、おおむね35度以上になる予想のときに気象庁が発表します。

1　高齢者

水の飲み方は？

高齢者の目安は1日1・3リットル。一度にたくさんではなく、こまめに補給。ふだん使う湯のみに何倍飲めばいいか書いておくと、把握しやすいかもしれませんね。朝目覚めたとき・夜寝る前・食事のとき・おやつのときなど、時間を決めて、こまめに補給しましょう。

❀エアコンを活用しましょう！

高齢者は部屋に温湿度計を置くことをおすすめします。室温28度以上、湿度70％以上なら、エアコンや扇風機を上手に使いましょう。また、夜もエアコンの風向きを上にして、直接冷気が体にかからないように工夫して使いましょう。冷たい空気は下に向かうので効率よく冷えます。同時に扇風機を使って、冷たい空気が部屋全体に広がるようにしましょう。

2 スポーツ中

運動前の水分の補給と30分に1回の休憩で、水分や塩分を取りましょう。サッカーやバスケットボールなどの激しい運動には、1時間に1リットルが必要です。

また「ただの水」による二次脱水に注意しましょう。大量の汗でナトリウムが減ったところに水だけを飲むと、ナトリウムが薄まって、水利尿が起こり、元の水分量まで回復しないのです。スポーツドリンクがいいのはこのためです。

水分補給のポイント

①気温の高いときには、15〜20分ごとに水を飲み休憩をとることによって、体温の上昇が抑えられます。

②1回200〜250ミリの水分を、1時間に2〜4回に分けて補給しましょう。

③水の温度は5〜15度がよいでしょう。

④食塩（0・1〜0・2%）と糖分を含んだものが有効。特に1時間以上の運動をする場合、4〜8%程度の糖分を含んだものが疲労の予防に役立ちます。

（財団法人　日本体育協会より）

気温が35度以上なら、原則運動は中止！　体育館・格技場に温度計を設置して、いつでも温度測定ができるようにしましょう。

3　職場で

●職場で熱中症を防ぐポイント

①熱中症に対する作業者への教育（短時間でわかりやすく）
②朝礼などでの体調確認、二日酔い・風邪・朝食抜きは厳禁
③水分補給のためのスポーツドリンク・クーラーポットの設置、作業現場への持参の徹底
④休憩所の設置、休憩所内のエアコン設置
⑤スポットクーラー・送風機の使用
⑥炎天下での作業には日陰を作る工夫
⑦おかしいと思ったら、必ず医療機関を受診

◎覚えておこう、熱中症の応急対策

子どもや高齢者には、まわりの人が気をつけてあげましょう。

①重症度　Ⅰ度

めまい・立ちくらみ・こむら返り・大量の汗

涼しい場所へ移動し、衣服をゆるめ、安静に。水分補給、わきの下や太もものつけ根などを冷やしましょう。15分たっても症状が改善しないときは、病院へ。

②重症度　Ⅱ度

頭痛・吐き気・体がだるい・体に力が入らない・集中力や判断力の低下

涼しい場所へ移動し、安静に。十分な水分と塩分を補給し、わきの下や太もものつけ根など体を冷やしましょう。15分たっても症状の改善が見られなければ病院へ！　自分で水を飲めなかったり、意識がなかったら救急車を呼びましょう。

③重症度　Ⅲ度

意識障害（呼びかけに対し反応がおかしい・会話がおかしい・けいれんなど）

運動障害（普段どおりに歩けないなど）
ためらうことなく救急車を要請、救急車が来るまでに涼しい場所へ移動し、安静に。体が熱ければ保冷剤などで冷やしましょう。

まとめ

こまめな水分補給を！

外出時は、帽子・日傘で暑さを避ける！

高齢者は、部屋の中や夜も注意！　カーテンで日射をさえぎり、エアコンを適切に使いましょう。

外での作業やスポーツは、こまめな休憩・水分・塩分を！

⑨ 光化学スモッグ

鈴木純子アナウンサーが
お伝えします

事例 大量の煙や排ガスが大陸から偏西風に乗ってやってきた!?

「運動会中止」

これは雨が原因ではありません。光化学スモッグで北九州市の小学校85校の運動会が中止になったのは2007年5月27日のことでした。この日の午前8時45分、北九州市は市内全域に光化学スモッグ注意報を発令。市立の小学校132校のうち85校で運動会が予定されていましたが、市の指示によってすべて中止となりました。北九州市環境局によると、光化学スモッグはこの時期に発生しやすいのですが、2007年以前の10年間は注意報の発令はなかったそうです。それが2007年は4月26日、5月8日、9日、そして27日と、この日までに4回発令されています。原因は中国からの大量の煙や排ガスが偏西風に乗ってやってきたためではないかと見られています。

光化学スモッグといえば、1970年代に猛威を奮った昔の有害物質のイメージでした。実際私が小学生の頃には、光化学スモッグのために校庭で遊べなかったのを記憶しています。1980年代は冷夏が多かったため、いったん沈静化しましたが、暑い夏が多くなった1990年代には再び増加。近年も紫外線の増加やヒートアイランド現象、オゾンの問題などもあって、九州以外でも注意報の発令回数が増えています。

光化学スモッグとは？

スモッグ（smog）とは、煙（smoke）と霧（fog）で作られた造語です。

自動車の排気ガスや工場から排出されるばい煙などに含まれる窒素酸化物と炭化水素が、太陽の紫外線に反応して有害な光化学オキシダントを作り出すことをいいます。

発生しやすい条件

①気温が高い。25度以上。
②日差しが強い。

③風が弱い。

☂症状は？

①目がチカチカする
②喉が痛い
③呼吸が苦しい
④せきが出る
⑤皮膚が赤くなる

対策 危険から身を守るためには！
これだけは守りたい防災のポイント

◎「光化学スモッグ注意報」や「警報」が発表されたら？

外に出ないようにしましょう。光化学スモッグが発生しやすい気象条件（晴れて暑く風の弱い日、夏が多い）のときには、室内でも窓の開閉をあまりしないようにしましょう。外にいたら屋内に避難し、目を洗い、うがいをし、シャワーを浴びて、皮膚や髪の毛についた有害物質を取り除きましょう。注意報・警報発令中に屋外で激しい運動をすると、呼吸困難やぜんそくの発作を起こす可能性もあります。

まとめ

自治体から発令される光化学スモッグ注意報、警報に注意し、発令時は屋外での活動を避けましょう！

⑩ 黄砂 PM2・5

黄砂

事例 中国から偏西風に乗ってやってきた砂の脅威

中国大陸内陸部のゴビ砂漠や黄土地帯で吹き上げられた砂が、偏西風に流されて日本に飛来する現象です。偏西風が強くなる春に多く見られます。これは同じく西風に乗ってやってくるPM２・５の飛散時期とも重なります。夏になると日本付近は太平洋高気圧に覆われるため、飛散量は少なくなる傾向です。近年中国から日本に運ばれる黄砂が増えていて、これは過放牧や耕地の拡大などが影響しているとみられています。

黄砂は花粉症などのアレルギー症状を悪化させることがあります。また洗濯物や車などが汚れるだけではなく、視界が悪くなるなど交通に影響が出る恐れがあるので、注意が必要です。

対策 危険から身を守るためには！

これだけは守りたい防災のポイント

◎飛散状況をチェックし、黄砂を取り込まない工夫を！

気象庁では、日常生活に広い範囲で影響を及ぼす黄砂が観測され、その状態が継続する可能性が高い場合に、「黄砂に関する全般気象情報」を発表します。ホームページ上では、環境省と気象庁が合同で「黄砂情報提供ホームページ」を開設しています。黄砂を観測した地点の分布図や黄砂予測分布図などを掲載しています。

黄砂はアレルギー症状を悪化させることがあります。できるだけ体内に取り込まない工夫をしましょう。

黄砂が多いときにはマスクをしましょう。室内では空気清浄機を使うと効果的です。洗濯物の外干しを避けましょう。また見通しが悪くなるので、車の運転に注意するなど、黄砂情報を暮らしに役立てましょう。

ＰＭ２・５

事例 西日本で一時数値上昇、肺の奥深くまで入り込む微粒子の脅威

数年前から「ＰＭ２・５」という物質の名前を耳にすることが多くなりました。ＰＭ２・５とは、大気中に浮遊している２・５マイクロメートル（１マイクロメートルは１ミリメートルの千分の１）以下の小さな粒子のことです。物の燃焼によって直接排出されるものと、硫黄酸化物や窒素酸化物などのガス状大気汚染物質が大気中で化学反応により粒子化したものがあります。

髪の毛の太さの30分の１ほどの非常に小さい物質であるため、肺の奥深くまで入りやすく、呼吸器系への影響に加え、循環器系への影響も心配されています。具体的には、喘息や気管支炎にかかりやすくなったり、その症状が悪化したりすることが心配されます。

２０１３年1月10日頃から、中国北京市を中心にＰＭ２・５などによる大規模な大気汚染が断続的に発生。日本国内でも西日本で、広域的に環境基準を超える濃度が一時的に観測されたことから、マスコミでも大きく取り上げられました。私たち伊藤と鈴木も気象情報の中で、関東でのＰＭ２・５の数値をお伝えして注意喚起をしました。各都道府県が、手探りながらも安全基準に見合った対応を始めています。

このときの西日本での数値上昇は、中国からの越境汚染と都市汚染の影響が複合していたと考えられています。ただ前年やその前の年の同時期と比較すると、数値が高い傾向はありますが、大きく上回る状況ではありませんでした。

とはいえ何らかの形で注意喚起のための指針を作ることが必要ということで、２０１３年2月に開催された大気汚染および健康影響の専門家による会合で、日平均1立方メートルあたり70マイクロメートル（70㎛／㎥）以上をひとつの目安とすることが決まりました。（図21）

<table>
<tr><td rowspan="4">レベル</td><td>暫定的な指針となる値</td><td rowspan="4">行動のめやす</td><td colspan="2">注意喚起の判断に用いる値※3</td></tr>
<tr><td rowspan="3">日平均値
(μg /㎥)</td><td>午前中の早めの時間帯での判断</td><td>午後からの活動に備えた判断</td></tr>
<tr><td>5時～7時</td><td>5時～12時</td></tr>
<tr><td>1時間値
(μg /㎥)</td><td>1時間値
(μg /㎥)</td></tr>
<tr><td>II</td><td>70超</td><td>不要不急の外出や屋外での長時間の激しい運動をできるだけ減らす。(高感受性者※2においては、体調に応じて、より慎重に行動することが望まれる。)</td><td>85超</td><td>80超</td></tr>
<tr><td>I</td><td>70以下</td><td rowspan="2">特に行動を制約する必要はないが、高感受性者は、健康への影響がみられることがあるため、体調の変化に注意する。</td><td rowspan="2">85以下</td><td rowspan="2">80以下</td></tr>
<tr><td>(環境基準)</td><td>35以下※1</td></tr>
</table>

※1　環境基準は環境基本法第16条第1項に基づく人の健康を保護する上で維持されることが望ましい基準
PM2.5に係る環境基準の短期基準は日平均35μg /㎥であり、日平均値の年間98パーセンタイル値で評価
※2　高感受性者は、呼吸器系や循環器系疾患のある者、小児、高齢者等
※3　暫定的な指針となる値である日平均値を超えるか否かについて判断するための値

図21　注意喚起のための暫定的な指針（環境省ホームページより）

対策 危険から身を守るためには！

これだけは守りたい防災のポイント

◎止められない大気汚染の拡大を監視

環境省大気汚染物質広域監視システム「そらまめ君」(http://www.soramame.taiki.go.jp/) などで、大気の状況をチェックすることを心がけましょう。

☂PM2・5が基準値（1日平均値70㎍／㎥）を超えた場合（自治体からの注意喚起があったとき）

①外に出ない。

②不要不急の外出や、屋外での長時間の激しい運動をできるだけ減らす。

③屋内でも喚起や窓の開け閉めを必要最小限にする。
④マスクをつける。
⑤空気清浄機を使う。

まとめ

黄砂やPM2・5の飛散状況を把握しましょう!
マスクなどで体内に取り込まない工夫を!

⑪ 台風

鈴木純子アナウンサーが
お伝えします

事例 警戒していた台風が「まさか!」の変貌を遂げた

初の「大雨特別警報」

三連休の最終日、敬老の日の朝のことでした。2013年9月16日午前8時前、大型の台風18号が愛知県豊橋市付近に上陸し、関東甲信から東北を縦断して太平洋に抜けました。台風上陸前から広い範囲で大雨となり、気象庁は16日午前5時5分、福井県、京都府、滋賀県に「大雨特別警報」を発表しました。8月30日の特別警報運用開始後初めての発表でした。

台風の接近に伴い、私は早朝5時からのワイド番組『おはよう寺ちゃん活動中』から気象情報を伝え、初の「大雨特別警報」も伝えることとなりました。その後のワイド番組や祝日の特別番組の間にも気象情報を伝え、午後1時からの『大竹まことゴールデンラジオ』

のオープニングで台風の進路を伝えるまでの記録が、当時のノートに残っています。ノートには「台風18号情報」と合わせて「竜巻注意情報」という文字が……。台風18号の影響で発達した積乱雲が通過したため、埼玉県熊谷市などで竜巻被害もあったのです。

　台風18号は大型だったため、台風の前面の高気圧の縁を時計回りに進む暖かく湿った空気と、台風の周辺を反時計回りに進む空気が合わさって、

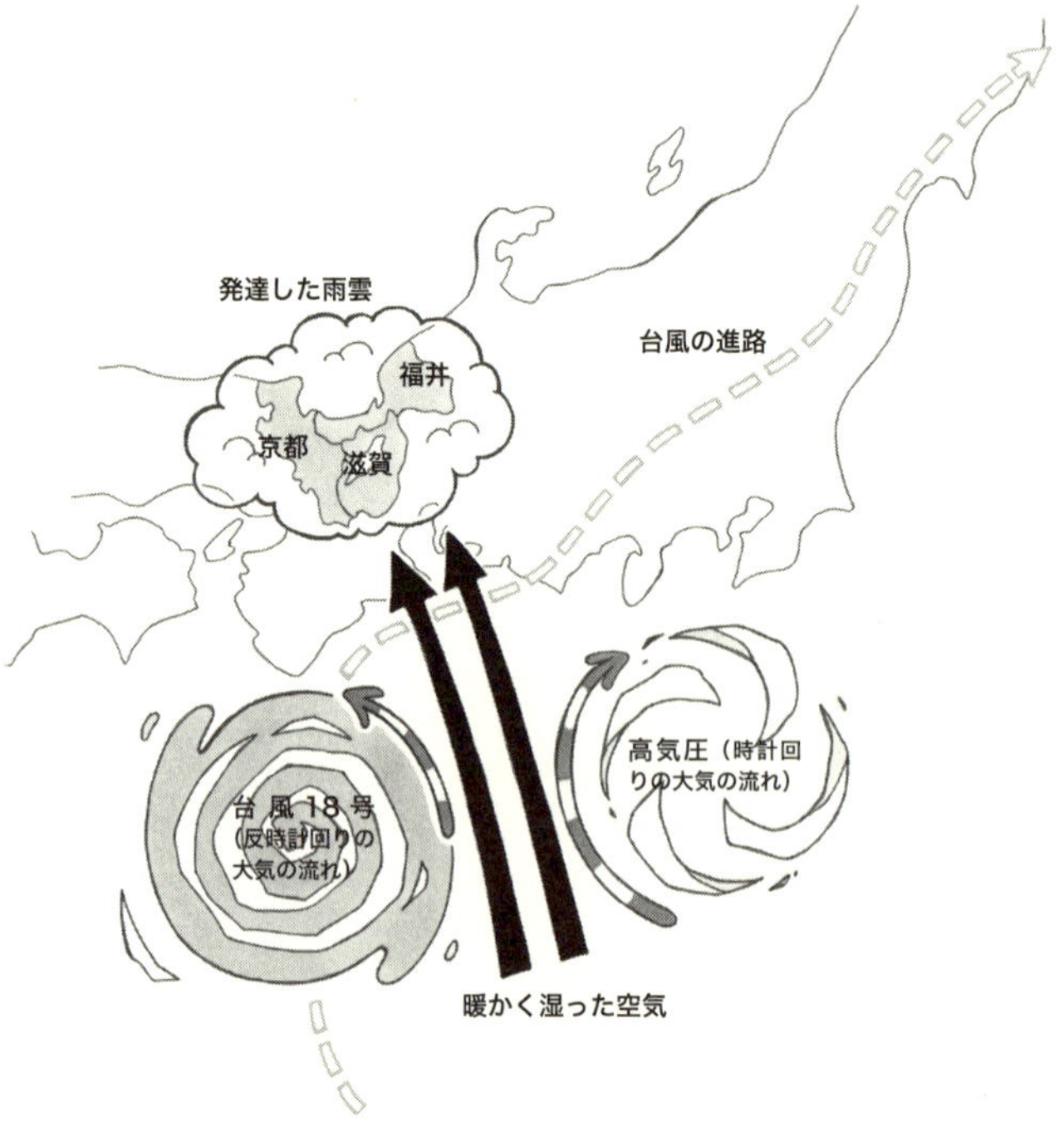

図22　2013年の台風18号がもたらした大雨発生のしくみ

台風の北側に位置する近畿地方に流れ込みました。（図22）危険半円といわれる台風の進路の右側ではなく、左側、台風の北側で雨雲が発達したのです。そのため、台風からは少し離れた福井、京都、滋賀の3県の累積雨量が多くなり、「大雨特別警報」が発表されることになりました。15日から16日にかけて2日間の雨量は、滋賀県大津市で328ミリ、福井県小浜市で413・5ミリで、ともに9月の月降水量平年値の2倍近い雨が降っています。

「大雨特別警報」を発表する目安は2つ

①48時間雨量と土壌雨量指数が50年に1度の値を超えた地域（5キロ四方）が、一定の範囲内で50箇所以上。
②3時間雨量と土壌雨量指数が50年に1度の値を超えた地域が、一定の範囲内で10箇所以上。

このどちらかの条件を満たし、さらに降雨が予想される場合に発表されます。福井、京都、滋賀の場合は、長時間雨が降り続き、①の目安に該当したため、「大雨特別警報」が発表されたのです。

☂まさか！　10月に2つの台風上陸！

「天気には3つの坂がある」

気象予報士の登録に行ったとき、気象庁の職員の方がこんな風におっしゃいました。「上り坂、下り坂、そして『まさか』だよ」。

2014年10月に台風が2つ上陸したのも、「まさか！」でした。10月6日に18号、13日に19号が上陸。10月に2つの台風が上陸したのは、これまでに1955年と2004年の2例しかありません。

台風18号が上陸した6日は、伊藤アナが未明から情報を伝え、午後に鈴木にバトンタッチ。19号が上陸した13日は体育の日で祝日だったのですが、やはり早朝から伊藤アナが情報を伝え、中盤私がつなぎ、後半は再び伊藤アナが24時の番組まで、台風情報を伝え続けました。台風19号は枕崎、高知、大阪に上陸、日本列島を縦断しました。気象予報士が2人いると、協力しながら早朝深夜の台風情報にも対応することができます。

この台風18号では、少なくとも全国で134万世帯に避難勧告が出されました。2013年10月の伊豆大島の土石流災害で避難勧告が発令されなかったことを受けて、内閣府が

2014年4月、結果的に災害が発生しない「空振り」を恐れず、早めに避難情報を出すことを原則としたガイドラインを策定したのを受けて、各自治体が早い段階で勧告を発令したとみられます。東京都港区でも避難勧告が出されたため、文化放送社内ではいっせいにスマートフォンが鳴って、異様な雰囲気になりました。

対策 危険から身を守るためには！
これだけは守りたい防災のポイント

◎「もしも」の準備を万全にしましょう

台風発生時の準備

①海上では「うねり」に注意！

遠く離れた台風からでも、うねりが届いて波が高くなります。

②「台風＋前線＝大雨」

日本付近に前線がある場合は、台風接近前に前線の活動が活発化し大雨になることがあります。

台風が接近することが予想されるときの準備

①風に備えて

飛ばされやすいもの（植木鉢、物干し竿、自転車など）を固定するか、屋内に移動しましょう。

②雨に備えて

雨どいや側溝をチェック。落ち葉などで詰まらないように掃除しておきましょう。

③浸水に備えて

河川のそばなど低い土地に住んでいて浸水の危険がある場合は、避難経路を再確認し、濡れると困るもの（重要書類など）を2階に移動させましょう。場合によっては車も高台に移動させましょう。

④高潮に備えて

満潮時刻を確認して、早めに避難しましょう。

⑤停電、断水に備えて

懐中電灯、携帯ラジオを準備しましょう。ペットボトルの水を準備し、浴槽に水を張っておきましょう。

台風が接近しているときの準備

①原則、屋内にいること！

雨戸やカーテンを閉めて、窓からできるだけ離れて過ごしましょう。台風接近時に、落雷や竜巻などの突風が発生することがあります。雨や風が弱まったようにみえても、周囲の様子を見にいかないようにしましょう。

②浸水、土砂災害の危険があるときには早めに避難！

避難勧告、避難指示がなくても、身の危険を感じたら自主的に避難しましょう。また避難指示が出されていても、周囲の状況により避難が危険な場合は、建物の2階以上など、より安全だと思われる場所に移動して助けを求めましょう。無理に避難すると危険です。

台風が通過した後の注意点

①風に注意

吹き返しの風が吹くことがあります。台風が温帯低気圧に変わって風が強まることも！

②波に注意

高波はしばらく続くので、海岸に近寄らないようにしましょう。

③増水に注意

雨が上がってから川が増水することもあります。川には近寄らないようにしましょう。

台風の大きさ	
階級	風速15メートル / 秒以上の半径
大型（大きい）	500km 以上～800km 未満
超大型（非常に大きい）	800km 以上
台風の強さ	
階級	最大風速
強い	33メートル / 秒以上～44メートル / 秒未満
非常に強い	44メートル / 秒以上～54メートル / 秒未満
猛烈な	54メートル / 秒以上

図 23　台風の大きさと強さ（気象庁ホームページより）
「大きさ」は強風域（風速 15 メートル／秒以上の風が吹いているか、吹く可能性がある範囲）の半径で、「強さ」は中心付近の最大風速で決まります。

図 24　台風の大きさ（気象庁ホームページより）
台風の大型、超大型を日本列島の大きさと比較すると、大型の半径は東京～大阪の距離を上回り、超大型の半径は東京～札幌の距離に相当します。

まとめ

台風が発生したら、その進路、勢力などの最新情報を確認し、早め早めの対策を！

⑫ 霜

伊藤佳子アナウンサーが
お伝えします

事例 農家の死活問題にまで発展する霜の脅威

朝起きると、車のフロントガラスにびっしり霜がついていて、運転ができない……。こんな体験をされた方もいらっしゃると思います。

「霜」は、気温が0度以下に急に下がったとき、空気中の水蒸気が水滴にならず、一気に氷の結晶になって、葉っぱや地面に凍りつくものです。

気温が3度でも霜が下りることがあり、農作物に深刻な被害を与えることもあります。特に春が深まった頃、大陸の北部からやってくる高気圧に覆われると、季節が逆戻りして寒くなり、風がなく、よく晴れた夜は放射冷却が強まり、晩霜《おそじも》が下ります。「若芽くだし」「新芽くだし」と呼ぶ地方もあります。農家の方にとっては死活問題につながることもあり、晩霜の時期は一日たりとも気が抜けないと言われます。

▼２０１３年４月、長野県内の農作物は深刻な霜被害にあい、被害額は15億円を超え、ここ20年で最悪となりました。４月下旬の冷え込みによる凍結や霜による被害で、りんごの開きかけた花弁や、春レタスが寒さで変色し、柿の新芽やぶどうの花芽も霜にやられ、結実が難しくなりました。

▼２０１４年４月、鳥取県で４月半ばに発生した霜による柿の被害額が、約１億２８００万円にのぼりました。新芽が霜で枯れた影響で、収穫がほとんど見込めない果樹園もあったということです。

対策　危険から身を守るためには！
これだけは守りたい防災のポイント

◎車・農業に対する便利な霜対策

☂車のフロントガラスの霜にはこれが効く！

①「霜取り用のスプレー」をあらかじめフロントガラスにかけておく！

市販の解氷用スプレーをかけておくと、霜がつきにくく、事前にかけ忘れても、霜が降りた後にスプレーすれば解氷できます。

②フロントガラスにカバーをかける！

ホームセンターやカー用品店などで、「フロントガラスカバー」「フロントウィンドウマスク」など凍結防止用のカバーが、1000~5000円ほどで販売されています。古い毛布やシーツ、バスタオルなどをフロントガラスにかけても効果があります。

③エアコンを使う！

エンジンを入れてエアコンをかけ、吹き出し口を「デフロスター」に設定します。

④ぬるま湯をかける！

30度前後のぬるま湯をかけるとよいといわれますが、外の気温が低いと再凍結の恐れもあります。また、絶対やってはいけないのは「熱湯」をかけること。ガラスが破損する可能性があります。あわせて「エアコン」も使いましょう。

⑤市販の霜取り用「スクレーパー」(へらのような器具)を使う！

無理にワイパーを動かさないでください。凍結しているのに、無理やりウォッシャー液をかけワイパーでガリガリやると、ワイパーゴムが傷む原因となりますし、気温が低いとウォッシャー液がすぐに凍る場合もあります。霜が予想される前の晩は、ワイパーアームを立てて駐車しておきましょう。ワイパーブレードがガラスに凍りつくことを防ぎます。

(JAFホームページ http://www.jaf.or.jp/ 参照)

農家の霜対策は切実

農家の皆さんはそれぞれ工夫され、地域や作物にあった対策をたてていらっしゃるようです。一応ここでは主なものを挙げてみます。

①「防霜ファン」を使う!

多くのお茶農家さんが導入している対策手段です。放射冷却が強まるのを防ぐため、人工的に風を起こし、地上数メートルの比較的暖かい空気と地面付近の冷たい空気を撹拌《かくはん》し、茶葉付近の気温の低下を防ぎます。

ただし設備の導入などに費用がかかる上、防霜ファンを稼働させると、電気代などの経費も発生するため、稼働を最小限にしようと、生産者の皆さんはさまざまな努力をしているといいます。

時間や気温などで、自動的に稼働開始・停止する機能を備えているものが多いですが、それぞれの農家さんなりに気象情報などを使って、少しでも稼働時間を短くするように設定を変えたり工夫されているそうです。

②「スプリンクラー」を使う！

地表付近が氷点下に下がるような強い冷え込みが発生した際、作物の表面に連続散水し、水が凍るときに潜熱で、温度を0度ぐらいに保ち、霜害から守る方法です。

③「燃焼法」を使う！

燃焼法というのは、燃焼資材を燃やすことによって、園内温度を高める方法です。燃料として、市販の防霜資材や、りんごの剪定枝などが使用されます。燃焼法は作業が夜半から明け方までかかり、作業にあたる農家の負担が大きいという声もあります。

④「霜ガード」を散布したり、保温用・防霜用シートを使う！

⑤気象庁が発表する情報のほか、ネットのサイトや「最新の予測・監視システム」を利用する！

例1……天気予報の「霜注意報」

気象庁のホームページ（http://www.jma.go.jp/）から「気象警報・注意報」をクリックし、警報・注意報種類から「霜」を選びます。早霜や晩霜により農作物への被害が起こるおそれのあるときに発表します。冬は「霜注意報」は発表されません。冬の植物は寒さに強く、春や秋の植物は霜の被害を受けやすいからです。例えば東京地方は、4月10日～5月15日、最低気温2度以下の予想のときに発表されます。

例2……ウェザーニューズの「栽培天気アラーム」（有料）

自分の田畑の位置情報などを事前登録しておけば、自動的に作物の生長に影響が出る悪天候時にメールでお知らせしてくれます。霜の予測情報を受信したり、自分で設定した降霜条件を満たした時点での気象情報を送信してくれます。農作業中にも情報を知らせてくれるので、タイムリーで便利ですが、フィーチャーフォン（ガラケー）あるいは携帯サイトでのサービスです。携帯サイト「ウェザーニュース」（http://www.wni.co.jp/）

例3……日本気象協会の「霜指数」天気予報専門サイト（tenki.jp）

期間は10月1日から3月30日までのサービスです。全国主要地点における1週間先までの「霜が降る可能性」を0～100の数値、または5ランクのマークで示してくれます。数値またはランクが高いほど「霜が降る可能性が高い」ことを表します。

例4……ウェブサイト「GPV気象予報」

雨・雲量、気温・湿度、気圧・風速について5キロ四方の精度で、予報図が1時間ごと

39時間先まで示されます。これで、霜が降りるか判断するヒントになります。(http://weather-gpv.info/)

例5……日本気象株式会社の「お天気ナビゲータ」

全国1万以上の地点の天気全般に関する情報のほか、1時間ごとの風向き、風速、風の強さの予報が2日先までわかります。有料のPROコースもあります。(http://s.n-kishou.co.jp/w/)

まとめ

車のフロントガラスには霜取り用スプレーかカバーを！
ワイパーは無理に動かさず、熱湯ではなく「ぬるま湯」で！
きめ細かな予報をさまざまなウェブサイトを利用しチェック！
「防霜ファン」「スプリンクラー」「霜ガード」など、作物や地域にあった対策を！

⑬ 大雪

伊藤佳子アナウンサーが
お伝えします

事例 日本は積雪記録世界1位! 大雪による事故も後を絶たず

2014年2月14日、関東甲信地方は2週続けての大雪に襲われ、交通網は寸断。甲府で114センチ、秩父で98センチ、前橋で73センチなど、各地で過去最高積雪を記録。東京でさえ2週続けて27センチの積雪。大雪による道路の寸断などで一時6900人が孤立、亡くなった方は20人を超えました。

昼前の『くにまるジャパン』生放送の中で、午後取材に行く予定の「江戸東京たてもの園」の近所のリスナーさんが「こっちはほとんど積もってない」と教えてくれました。その段階ではそれが現実だったのですが、次第に雨に変わる予想の雪は未明にかけて降り続きました。取材先では20センチ以上の雪が積もり吹雪状態、電車も止まり、一時遭難の危機を感じる場面も……。

一方、時はソチ・オリンピック。当時19歳の羽生結弦選手が金メダルを決めた日本時間の15日未明、内陸では積雪が増え続けていました。その日は土曜日、羽生選手に文化放送の番組に電話出演してもらうことになり、それがなんと、私と吉本興業の芸人さんが担当していた夜の番組！　大雪の被害も気になりながら、みんな羽生選手の金メダルでおおいに盛り上がっている中、私の中では当初の予報をはるかに超える大雪になってしまったこと、しかも自分が大雪情報にまったく関われなかった後悔でいっぱいでした。

☂雪で亡くなる方は　年間100人にのぼり、およそ8割が除雪中の事故

▼2014年2月、岩手県で屋根の雪下ろしをしていた69歳の男性が誤って転落、落ちてきた雪の下敷きになり死亡しました。

▼2015年2月、長野県小谷村で、公会堂周辺の除雪作業をしていた高齢の夫婦が、屋根から落ちてきた雪に埋もれ、このうち76歳の妻が死亡しました。

▼2016年2月、北海道旭川市の小中学校の校舎で、屋根の雪下ろしをしていた男性作業員12人が雪ごと落下。搬送先の病院で2人が死亡。屋根には50センチ以上の雪が積もっ

ており、一部の雪が一気に滑り落ちて、全員が5～6メートル下の雪の上に落下。2人は深さ約1メートルまで埋もれてしまったということです。作業員はヘルメットを着用していましたが、安全ロープはつけていなかったとみられます。

日本は、国土の半分以上が豪雪地帯（図25）に指定されていて、気象観測所で観測された積雪の世界記録も日本が1位なのです。1927年、滋賀県と岐阜県の境にあった伊吹山測候所で観測された11メートル82センチが、その記録です。

雪の重みで、住宅が歪んだり壊れたりすることもあり、雪下ろしはしないわけにはいきませんが、高齢化・過疎化が進む雪国では、重労働である除雪作業は大きな負担です。

図25　日本の半分以上が豪雪地帯（国土交通省ホームページより）

雪かきのボランティアの受け入れを進めているところもあります。雪の少ない東京、私も何度か雪かきをしましたが、想像以上に力がいるし、当日は腰が、翌日は腕が痛み、雪国のみなさんを思うと申し訳ないような気がします。

♣除雪中の事故で多いものは?

①屋根からの転落

雪下ろし中に屋根の上で足がスリップして転落したり、屋根の上のほうにある雪が滑り落ちてきて、バランスを崩して転落する事故

②屋根からの落雪

軒下で除雪中に落雪で埋まったり、落雪が直撃する事故

③水路などへの転落

融雪槽に投雪中、槽内に転落する事故(発見までの時間がかかり、死亡に至る例も)

④除雪機の事故

エンジンを止めずに、雪詰まりを取り除こうとして巻き込まれる事故(約7割が40~50代)

⑤除雪作業中に心筋梗塞などを発症

寒い屋外での重労働によって、作業中に心肺停止などで倒れる事故

（内閣府のまとめより）

☂大雪で車が立ち往生、迫る危険とは？

▼2014年2月、東日本を中心に降った記録的な大雪で、各地の高速道路や国道で車が立ち往生。2日半、孤立した人たちもいました。立ち往生したドライバーさんたちは数少ないおにぎりを分け合い、沿道の住民の方たちは無料で温かい食事や飲み物を差し入れるなど、みんなで助け合ったそうです。

▼2014年2月、群馬県内の駐車場に止まっていた車の中で、43歳の男性が意識を失っているのを母親が発見、死亡が確認されました。警察によると、マフラーが雪に埋もれており、一酸化炭素中毒とみられます。

♣雪道でのスリップ事故・大雪の翌日は凍結にも要注意!!

▼2013年1月、愛知県の国道248号で、大型トレーラーがスリップして欄干を突き破り、20メートル下の川付近に転落、運転していた41歳の男性が死亡しました。

▼2013年1月、大雪から一夜明けた朝、茨城県で小型バイクで新聞配達をしていた62歳の男性が、凍結した路面で転倒して死亡しました。

▼2014年2月、千葉県の69歳と78歳の男性が雪道で転倒して死亡しました。

対策 危険から身を守るためには！

これだけは守りたい防災のポイント

◎身近な事故は防げる――雪下ろし、雪道の運転、雪道の歩行

危険な雪下ろし、事故を防ぐためには？

命を守る除雪中の事故防止十箇条（国土交通省が作成）

①作業は家族、となり近所にも声をかけて2人以上で！
②建物のまわりに雪を残して雪下ろし！
③晴れの日ほど要注意、屋根の雪がゆるんでいる！
④はしごの固定を忘れずに！

⑤エンジンを切ってから！　除雪機の雪詰まりの取り除き
⑥低い屋根でも油断は禁物！
⑦作業開始直後と疲れたころは特に慎重に！
⑧面倒でも命綱とヘルメットを！
⑨命綱・除雪機などの用具は、こまめに手入れ・点検を！
⑩作業のときには携帯電話を持っていく！

●車の運転、ここに注意！

大雪のときは車で出かけない。どうしてもという場合は、次のことに注意しましょう。

1　雪道の運転に必要な備えとは？

①冬用タイヤ（スタッドレスタイヤ）を装着しましょう。冬用タイヤでないならば、タイヤチェーンは必須。前もって練習し、軍手や長靴も用意しておきましょう。
②雪道でスリップしたり、新雪にはまったりして動けなくなったら、タイヤの下にまく砂

や、雪をかくスコップが必要になります。砂はペットボトルなどに入れて車に装備し、折りたたみ式のスコップも装備しましょう。また、鍵穴やドアノブ、フロントガラスが凍ったときのために、スプレー式の解氷剤も準備しましょう。

③非常用の食料と飲み物、簡易トイレ、毛布などの防寒具（身動きが取れなくなり、エンジンを切った場合のため）、自動車用携帯充電器（孤立したときに外部と連絡をとるため）を積んでおくと安心です。

④車内にとどまるときに何より気をつけたいのが「一酸化炭素中毒」。マフラーの排気口が雪でふさがれると、排ガスが車内に逆流します。車からこまめに降りて、マフラーの回りをスコップなどで除雪する必要があります。また、雪が吹き込まないように、風下側の窓を数センチ開けて換気もしましょう。

2　雪道の走り方は？

①「急」のつく運転は厳禁です。雪道での急ハンドル・急ブレーキ・急加速・急減速は禁物。慎重な運転操作を心がけましょう。

②速度を落とし、車間距離を十分に取りましょう。
③凍結しやすい場所を知っておきましょう。
橋の上
トンネルの出入り口
交差点の手前やカーブの手前などのブレーキをよく踏むところ
山間部などの日陰になっているところ
④積もった雪でガードレールや側溝が隠れてしまうことがあります。なるべく中央を走りましょう。
（ＪＡＦホームページ http://www.jaf.or.jp/ 参照）

☂雪道で転ばない歩き方とは？
まずは滑りにくい底のぎざぎざしたゴム長靴やスノーブーツで歩きましょう。
①小さな歩幅で。
②少し膝をまげて重心を低く前に。

③足裏全体を路面につける気持ちで。
④急がずあせらず余裕をもって。
⑤荷物はリュックなどにして両手を空けて、転んだときに備えて手袋を。
⑥当たり前ですが、携帯電話・スマホの「ながら歩き」は厳禁！

まとめ

1人で雪下ろしはしない！
ヘルメット・命綱をつけ、はしごは固定！
雪がとけて流れる水路や側溝をあらかじめ把握し、近づかない！
必ず冬用タイヤで、車間距離を十分にとって、慎重な運転を！
車内にとどまるときは、一酸化炭素中毒に要注意！
歩行者はすべりにくい靴で歩幅を小さく、足裏全体で踏みしめるロボット歩きを！
時間に余裕をもった行動、もしくは計画の中止を！

⑭ 雪崩

伊藤佳子アナウンサーが
お伝えします

事例 半分以上が豪雪地帯の日本、雪景色と雪崩の危険は背中合わせ

雪崩による災害は、豪雪地帯で1～3月を中心に発生していて、亡くなったり、行方不明になったりする方を伴う被害も、毎年のように起きています。

雪崩の危険がある場所は、集落（人家5戸以上）だけみても、全国で2万箇所以上あり、山間の道路、スキー場、観光地など、さまざまな場所で雪崩の災害が起こっています。（政府広報オンラインより）

雪崩には「表層雪崩」と「全層雪崩」があります。

「表層雪崩」は、古い積雪の上に降り積もった新雪が滑り落ちるもので、気温が低く降雪が続く、1～2月の厳冬期に多く発生します。滑り落ちる速度は、時速100～200キロと新幹線並みのスピードです。発生地点から遠く離れた場所まで被害が及ぶ恐れがあり、

とても危険です。

「全層雪崩」は、地表面上を積雪層全体が滑り落ちる現象で、春先気温が上がったり雨が降ったりする融雪期に多く発生します。こちらも時速40〜80キロと自動車並のスピードで落下します。

▼2006年1月4日、長野県松本市の北アルプス明神岳で、登山をしていた男性2人が雪崩に巻き込まれ、1人は自力で脱出したものの、1人は心肺停止状態に。
▼2010年2月6日、長野県志賀高原前山スキー場で雪崩が発生。この雪崩によって麓のホテルの駐車場に駐車してあった乗用車とバスが流され、流されたバスがホテルに衝突したために窓ガラスが割れ、2人の宿泊客がケガをしました。
▼2012年2月1日、秋田県仙北市の温泉旅館「玉川温泉」の近くで雪崩が発生し、岩盤浴をしていた3人が死亡。現地調査によりますと、雪崩の規模は幅最大300メートル、水平距離350メートル、およそ3万平方メートルの大規模な「表層雪崩」だったということです。

雪崩はスピードが速いので、発生に気づいてから逃げることはかなり難しいです。災害から身を守るためには、前もって雪崩が発生しやすいケースを知っておくことが大切です。

対策 危険から身を守るためには！
これだけは守りたい防災のポイント

（政府広報オンラインより）

◎雪崩が発生しやすい場所や条件を知っておく！

発生しやすい場所（図26）

①急な斜面……傾斜が30度以上になると発生しやすくなり、特に35〜45度がもっとも危険といわれています。

②木のまばらな斜面……背の低い木や草が生えている斜面では、雪崩発生の危険が高くなります。

③雪庇《せっぴ》のある斜面……雪庇とは、山の尾根から雪が張り出した状態のこと。張り出した部

分が雪のかたまりとなって斜面に落ちることがあるので危険です。
④吹きだまりができている斜面
⑤過去に雪崩が発生した斜面
⑥積雪に亀裂ができている斜面
⑦スノーボールが見られる斜面……スノーボールとは、斜面をコロコロ落ちてくるボールのような雪のかたまりのこと。雪庇や巻だれの一部が落ちてきたもので、多く見られるときは特に要注意です。
⑧クラックが見られる場所……クラックとは、斜面にひっかき傷がついたような雪の裂け目のことで、多く見られるときは要注意です。
⑨雪しわが見られる場所……雪しわとは、ふやけた指先のようなシワ状の雪の模様のこと。積もっていた雪が

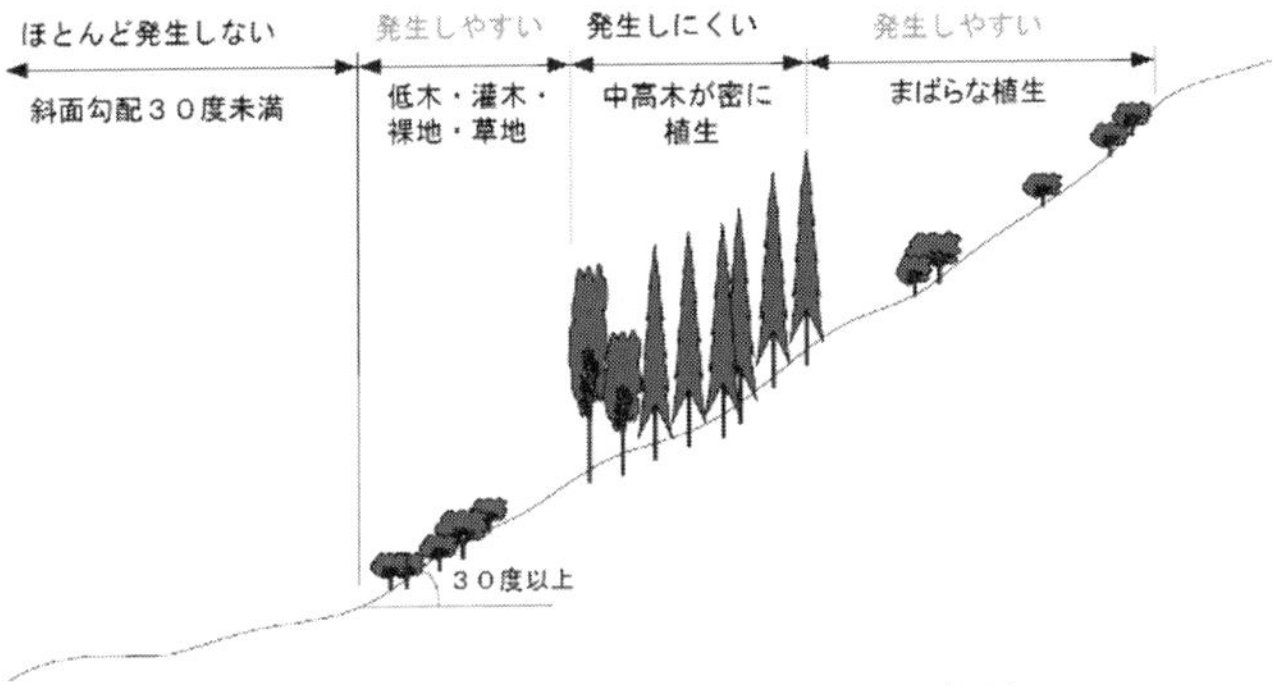

図 26　雪崩が発生しやすい斜面の植生の状態（国土交通省ホームページより）

ゆるみ、少しずつ動き出そうとしている状態なので危険です。

発生しやすい気象条件

①気温が低く、すでにかなりの積雪がある上に、短期間に大雪が降ったとき。例えば1メートル程度以上の積雪の上に30センチ程度以上の降雪があったときなど。
②0度以下の気温が続き、吹雪や強風が伴うとき。
③春先や雨が降ったあと、フェーン現象などで気温が上昇したとき。

こんなことにも注意しましょう!

雪の多い場所に行くときは、ハザードマップで、その地域の危険箇所を把握することを心がけましょう。
また「なだれ注意報」などの気象情報が出ていないかをまめに確認することも大切です。

◎雪崩発生の場に遭遇したら?

☂雪崩が自分の近くで起きた場合

①流されている人を見続ける。

②仲間が雪崩に巻き込まれた地点と、見えなくなった地点を覚えておく。

③雪崩が止まったら見張りを立て、遭難点と消失点にポールや木などの目印を立てる。

④すぐに無線機（雪崩ビーコン）などを用いて捜索する。（雪崩ビーコンとは電波の受信・発信することができる道具）

⑤見つかれば、直ちに掘り起こして救急処置を行う。

☁自分自身が雪崩に流されてしまった場合

①雪崩の流れの端へ逃げる。

②仲間が巻き込まれないように知らせる。

③身体から荷物をはずす。

④雪の中で泳いで浮上するようにする。

⑤雪が止まりそうになったとき、雪の中での空間を確保できるよう、手で口の前に空間を作る。
⑥雪の中から、上を歩いている人の声が聞こえる場合があるため、聞こえたら大きな声を出す。

（全国地すべりがけ崩れ対策協議会より）

まとめ

危険な場所に近づかない！

急な斜面、木の少ない所、雪の張り出し（雪庇）やしわ・ひびができている所など、雪崩が発生しやすい場所や条件を知っておく！

急な気温低下・急な積雪・急な温度上昇があったときは、危険な場所を避ける！

雪崩の兆候などを見つけたらすぐに避難！

⑮ 吹雪

伊藤佳子アナウンサーが
お伝えします

事例 暴風と雪で視界ゼロ。凍死だけでない地吹雪の恐ろしさ

「吹雪」の恐ろしさは体験しないとわからないといいますが、北海道生まれの私も中標津町に住んでいた頃、何度か家の中で体験しているらしいのです。記憶にないぐらい幼いとき、母の話によると、ひと冬に2～3回吹雪に見舞われ、そうなると家（会社の社宅）に3日ぐらいこもることもあったそうです。食料や燃料（石炭）は備えてあるので、特別困ることはなかったそうですが、物流が滞るために、父の勤め先の会社は製品を出荷できず廃棄したりと、大変だったそうです。

吹雪が収まると、みんないっせいに外に出て雪かきです。地元の人は、吹雪を見れば、そろそろ収まるとか、まだまだ続くとか、だいたいカンでわかったそうです。

☂吹雪の恐ろしさ

▼2013年3月2日、北海道中標津町で、乗用車が雪の吹き溜まりに埋まり、車内に閉じ込められた母子4人が一酸化炭素中毒で死亡しました。

一方、北海道湧別町では、53歳の漁師の男性と小学生の長女が軽トラックで出かけたまま行方不明となり、牧場の倉庫前で雪に埋もれているところを発見されました。父親は長女をかばうように覆いかぶさり凍死。長女は一命をとりとめました。父親は車を乗り捨て、長女と歩いて知人宅を目指しましたが、猛吹雪で視界もきかず、たどりつけなかったとみられます。

このときの北海道東部の暴風雪では、9人の方が尊い命を落としました。この日、昼頃まで日差しが出たり、比較的穏やかな天候でしたが、午後は天気が急変し、猛吹雪になりました。

前日に関東などに「春一番」をもたらした低気圧が北海道に接近。北からの寒気の影響で発達、いわゆる「爆弾低気圧」となって「暴風雪」をもたらしました。

暴風と雪で視界ゼロ。道路も空も真っ白。「ホワイトアウト」と呼ばれる状況です。前後左右だけでなく上下感覚さえも失い、一寸先も見えない。

しかし、この日の降雪量だけみるとたいしたことはないのです。恐ろしいのは「地吹雪」。強風は積もっている雪を巻き上げて「地吹雪」を起こし、降雪量以上の雪が視界を奪うのです。また、風で飛ばされた雪が建物や車など風を遮る場所に集まって「吹きだまり」を作ります。短い時間で車全体が雪に埋もれてしまい、このときも何十台もの車が動けなくなりました。

吹雪が発生すると、まわりがよく見えなくなり、車の運転ができなくなります。歩こうにも方向がわからなくなり、雪が吹き付けるため、呼吸ができなくなります。さらに、猛烈な風によって体温が奪われます。

●吹雪・地吹雪のときの交通事故の6割が追突（北海道地質調査業協会の調査より）

吹雪や大雪などで目の前が「ホワイトアウト」状態のときの無理な運転は、重大事故を起こしてしまう危険があります。

▼２０１６年2月24日、北海道北広島市の道央自動車道下り線で、乗用車やバスなど10台

以上が絡む多重事故があり、女性3人が病院へ搬送。事故当時、現場周辺は吹雪で見通しが悪く、路面は圧雪状態でした。

▼2016年2月29日〜3月1日、北海道で数年に一度の猛吹雪となり、倶知安町や斜里町などで多重衝突事故が相次ぎ、19人が重軽傷を負いました。

対策 危険から身を守るためには！これだけは守りたい防災のポイント

◎吹雪の中の移動手段、車の危険を回避

吹雪の中を歩くことは無謀ですから、移動手段は車になります。でも車だから安全とは限りません。危険ポイントと回避する方法をご紹介します。

吹雪の中で運転、これだけは注意しましょう！

①相手に自分の存在を知らせることが大事です。ライトをつけましょう。また、前方の車が急に止まるかもしれません。車間距離を十分とってスピードダウンしましょう。

②車が立ち往生する場合に備えて、防寒着、長靴、手袋、スコップ、牽引ロープ、飲料水や非常食などを車に積んで、十分に燃料があることを確認して出かけましょう。
③運転中、地吹雪などの危険を感じたら、無理をせずに道の駅やコンビニエンスストア、ガソリンスタンドなどで、天気の回復を待ちましょう。

吹雪に遭って、車が動けなくなってしまったら?

①エンジンを切り、車内で救助や地吹雪が収まるのを待ちましょう。視界が悪いのに車外に出ると方向が分からず、遭難する危険があります
②JAFなどのロードサービス、近くの人家やコンビニなどに必ず救助を依頼してください。また、ハザードランプの点灯や停止表示板を置くなど、車が目立つようにしましょう。
③避難できる場所や近くに人家などがない場合は、消防(119番)や警察(110番)に連絡して、車の中で救助を待ってください。
④車が雪に埋まったときはエンジンを切りましょう。寒さに耐えられず、やむを得ずエンジンをかけるときは、こまめにマフラーのまわりを除雪してください。マフラーが雪に

埋まると排気ガスが車内に逆流し、一酸化炭素中毒を起こすおそれがあります。排気ガスに含まれる一酸化炭素は無色・無臭のため気がつきません。風下側の窓を1センチくらい開けて換気を心がけ、救援を待ちましょう。

⑤車を置いて避難する場合には、除雪や救助活動の妨げとならないよう、連絡先を書いたメモなどを車内に置き、車の鍵は付けたままにしておきましょう。

（ＪＡＦホームページ http://www.jaf.or.jp/ 参照）

まとめ

吹雪の中での運転はライト点灯、スピードダウン、車間距離！

疲れたり、運転に危険を感じたらコンビニや道の駅で休憩を！

車が立ち往生した場合に備え、防寒着、長靴、手袋、スコップなどを積んでおく！

車が雪に埋まったときはエンジンを切る、こまめにマフラーのまわりを除雪するなど、一酸化炭素中毒に要注意！

⑯ ヒートショック

寒さと心筋梗塞・
脳卒中との関係

伊藤佳子アナウンサーが
お伝えします

事例 高齢者に多いお風呂場での急死は、交通事故死の3倍超！

「ヒートショック」という言葉、冬になるとよく耳にしますよね。「ヒートショック」とは、急激な温度の変化により、血圧の乱高下や脈拍の変動が起こることです。特に冬、お風呂場で多く起きています。

お風呂場に関連した死亡事故は、交通事故死の3倍以上と推定されています。東京都健康長寿医療センター研究所が行った調査では、2011年の1年間で、全国で約1万7000人もの人がヒートショックに関連した「入浴中急死」に至ったと推計されました。この死亡者数は、交通事故による死亡者数の3倍をはるかに超え、そのうち高齢者は1万4000人と大多数を占めています。

冬場の脱衣所と浴室内の温度差は危険といわれますが、入浴前・入浴中・入浴後に血圧は大きく変動するのです。冬場1、2月は心筋梗塞や脳出血、くも膜下出血、脳梗塞が多いともいわれています。寒いと血圧が急速に上がりやすいのです。気温の低い日や、1日の中で気温差の大きいときは要注意。逆に真夏は、水分補給が足りず血液がドロドロになりやすい高齢者の方は、脳梗塞などにも注意が必要です。

☂お風呂場でのヒートショック

①60代男性

入浴して、20〜30分ほどたち、物音がしたため家族が様子を見に行くと、意識がもうろうとしていて、脳内出血で重症。

②70代女性

風呂場から出てこないと家人が見に行ったら、浴槽内で死亡。心不全でした。

また、東京の立川病院で脳神経外科医長として、さらに気象予報士の知識も活かしながら活躍されている福永篤志先生は、寒い日に水仕事中に発症した事例をあげて、冷水刺激は血圧を過度に上昇させるとして、注意喚起とその対策周知をされています。

③50代男性

ある寒い日に、屋外で洗車をしていたところ、突然後頭部をハンマーで殴られたような頭痛がして救急車で来院。くも膜下出血で、手術により一命をとりとめました。

④60代女性(高血圧症で降圧剤を内服)

温度差の激しい冷え込んだ朝に、ベランダで洗濯物を干していたところ、突然頭痛がしてその場に倒れこみ、意識がもうろうとして救急搬送。くも膜下出血で、手術により一命をとりとめました。

身近な事例はたくさんありますが、私の身内の例です。

⑤70代女性

私の母は脳梗塞などで二度倒れましたが、いずれも12月と1月の冬の寒い日でした。一度目は「一過性脳虚血発作」で、夜中いきなり半身が動かなくなり、別室にいた家人を起こそうとしましたが、口が回らず、とにかく動く方の半身を使って部屋から這い出て、救急車で病院へ。二度目は「脳梗塞」。趣味の絵画教室で失神、すぐ病院へ搬送していただきましたが、左半身に今も麻痺が残っています。

対策　危険から身を守るためには！
これだけは守りたい防災のポイント

（東邦大学メディカルレポート「ヒートショックから身を守る
～冬場に起こりやすい突然死の原因を知り予防する～」より）

◎高齢者だけじゃない！　カンタン予防、冬場は即実行！

ヒートショックの影響を受けやすい人

次の条件にあてはまる方は、特に冬場、気温差のある場所を移動するときには注意が必要です。

①65歳以上の人
②高血圧・糖尿病・動脈硬化の病気がある人

③肥満気味の人
④睡眠時無呼吸症候群など呼吸器官に問題のある人
⑤不整脈がある人
⑥熱い風呂が好きな人
⑦飲酒後に入浴する人

冬場の入浴時のヒートショックによる疾患

入浴しようと暖かい部屋から移動して、脱衣所でヒートショックを受け、その結果血圧の急上昇が起こると、めまいで倒れたり、重篤な場合には脳出血や脳梗塞、心筋梗塞などを引き起してしまうことがあります。

また、浴室に入ってからも、めまいを起こして倒れたことでケガをしたり、また浴槽の中で意識を失って溺れたりする危険があります。

発見が遅れると大事に至ることもあるので、ヒートショックを起こさないようにすることが大切です。

ヒートショックの予防・対策

1　お風呂場では

①あらかじめ脱衣所を暖房器具などで暖めたり、入浴前に浴槽のフタを外して、浴室も暖めておきましょう。

②高温での入浴を避けましょう。熱いお湯に入ると血圧が急激に下がることにつながりやすく、ヒートショックを受けやすい人にとっては危険が高まります。42度以上の高温に設定しないようにしましょう。

③長風呂をしないようにしましょう。熱いお湯でなくても、お風呂につかると血管が拡張して徐々に血圧が低下します。高齢者や生活習慣病のある人は、のぼせたり、失神したりする危険があります。なるべく長風呂は避けるようにしましょう。

④入浴前の水分補給が大切です。入浴中、体は汗をかきますので、徐々に体の水分が失われていきます。気がつかないうちに脱水症状を起こすこともあります。高齢者の方は、特

に入浴前後にコップ1杯の水を飲みましょう。

⑤飲酒後の入浴はやめましょう。アルコールには血管拡張作用があるので、極端に血圧が低下して危険です。

2　寒い日は

①寒い朝は、起きたらすぐ、はおるもので暖かく！　廊下も素足で歩かないよう、スリッパや靴下を着用しましょう。

②寒い日の外出は、マフラー・手袋で暖かく！　とくに飲酒後は血圧が変動しやすいので、暖かなお店から寒い外に出るときなど注意しましょう。

③冷水に触れるときはゴム手袋などをしましょう。

④冬場のスポーツでは、十分な防寒対策を行った上で、あらかじめ体を動かして、体を温めてから外に出ましょう。

まとめ

冬場のブルッは要注意！

脱衣所・浴室・トイレを暖かく！

高温での入浴は避け、長風呂をしない！

寒い日に冷水に触れるときは、ゴム手袋などの着用を！

寒い場所への移動は、こまめな防寒対策を！

⑰ 気象病

伊藤佳子アナウンサーが
お伝えします

事例 関節痛、頭痛、憂鬱……引き金はその日の天気だった！

「あ～頭が痛くなってきた……もうすぐ雨が降ると思う」

自分の痛みで天気予報ができる方、実際いらっしゃいますよね。「低気圧が近づくと頭痛がする」「雨が降りそうになると関節や古傷が痛む」など、経験されたことはありませんか？「気温や気圧の変化が激しい」「寒冷前線が近づいてきた」などで、腰痛や関節痛、リウマチ、気管支ぜんそく、片頭痛、めまいなどの症状が出ることがあります。

これを「気象病」といい、特に「肩こり」「古傷が痛む」「関節痛」「頭痛」などの痛みを伴うものは「天気痛」といいます。春・秋は比較的片頭痛が起きやすく、気圧の変化のほか、フェーン現象によって極端に気温が上昇するときも起こりやすいとされます。

どのような気象のときに痛みが出るか傾向がわかれば、予報を見て事前に保温や痛む関節の固定、薬などで備えることができるかもしれません。

また、雨が続くと40％以上の人が「憂鬱な気分になる」など、精神的にも「憂鬱になる」「イライラする」「集中力が続かない」といった気象の影響を受けることがあります。

「気象病」とは、気象条件から悪影響を受ける病気の総称で、気象病の引き金になるのは、気圧・気温・湿度の変化です。

☂具体的な事例

痛みは天気の影響を受けやすいことがわかります。（図27）

①寒くなると肩がこる　50・3％
②天気が悪い日が続くと、憂鬱な気分になる　41・5％
③乾燥すると、全身がかゆくなる　38・5％
④天候が悪くなると、古傷が痛みだす　28・7％
⑤天候が変化すると、関節が痛くなる　27・6％
⑥気温が激しく変化すると、頭痛やめまいにおそわれる　17・3％

精神的ダメージの事例

気圧や湿度、気温が急激に変化すると、イライラしたり、集中力がなくなったり、精神的なダメージを受ける人もいます。

古くからドイツなど欧米でも「気象病」は研究されてきましたが、『からだと天気』（ランズバーグ著、倉嶋厚訳、河出書房新社）には、こんな事例が載っています。

①ドイツの交通博覧会で10週にわたって、およそ2万人が交通信号に対する反応速度の適正検査を受けたところ、天気によって成績が大きく変動することがわかりました。目立って成績が悪かったのは、低気圧や

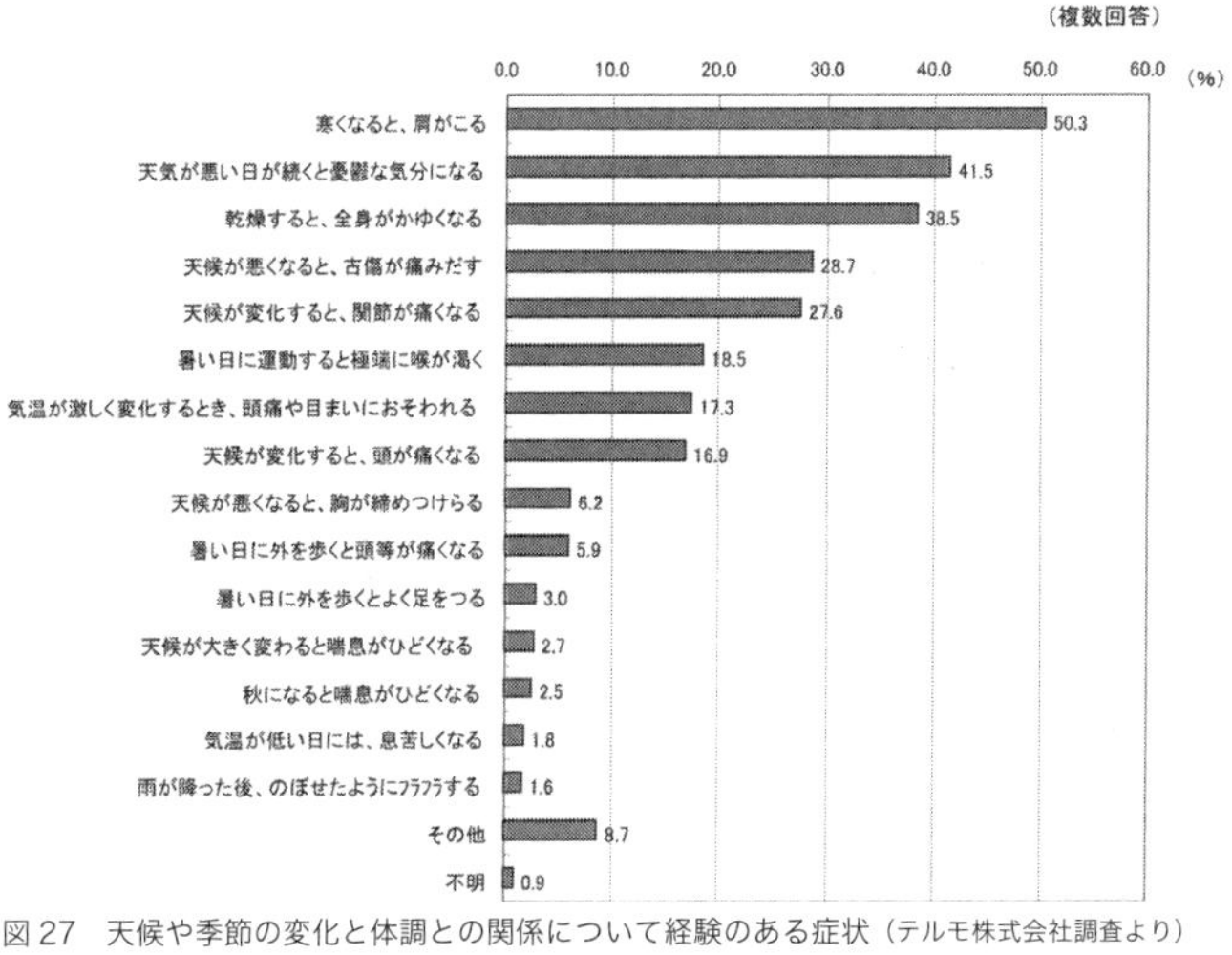

図27　天候や季節の変化と体調との関係について経験のある症状（テルモ株式会社調査より）

「気圧の谷」の通過するとき。

②同様の調査が、6000人が働く工場で行われ、200万就業時間の中で起きた数千回の事故について分析されたところ、やはり事故が急増したのは、低気圧や「気圧の谷」の通過するとき。

リウマチ・関節痛などの天気痛はなぜ起こる？

天気痛は、気圧・気温・湿度の変化が引き金になりますが、短い時間に気圧が急激に変化するときに痛みが増す場合、また低気圧中に痛みが強くなる場合もあります。そのメカニズムは、いくつか説があるようです。

①私たちの体は、外から気圧という空気の重さに押されています。これに対抗して、体の内側からも同じ強さで押し返していますが、急激に気圧が下がると、体の内側は急な変化に対応することができず、バランスが崩れてしまいます。それで神経などが押されて、ほかの器官に接触して、痛みが強くなるという説です。関節痛は気圧の変化に加えて、気温の急激な低下も影響しています。気温が下がると、体の皮膚温度が下がり、血管が収

縮して、血液の流れが悪くなります。関節周辺の血液やリンパ球の流れが阻害されることで疲労物質がたまり、痛みが強まるという見方もあります。

②気温が下がると、人は平熱を保つために体の中で熱を作ります。するとカロリーが消費されるので、十分な栄養が蓄えられていなければ、体の免疫機能は低下します。免疫機能が低下すると、体内の細菌やウイルスが増殖します。関節や神経の周囲に潜んでいたウイルスが増殖すると、関節や神経に炎症反応が波及するようになり、その結果、関節痛が引き起こされることになるという考え方です。

③気圧や湿度といった身体をとりまく環境の変化が、自律神経のストレス反応を引き起こすという見方もあります。自律神経は交感神経と副交感神経に分かれていますが、この交感神経が興奮すると、関節痛や片頭痛の痛みが強まります。

気圧の変化を感知するセンサーは、人間の耳の奥の「内耳」にあるという説があります。低気圧がくると、内耳の気圧センサー細胞が興奮。内耳のリンパ液に波が起きます。このとき、体を動かしていないにもかかわらず、まるで体が動いたり傾いたりしたかのような情報が脳に送られてしまいます。

そうすると、「目から入ってくる情報」と「リンパ液が伝える情報」が食い違うので、脳は混乱し、交感神経が興奮して、めまいが生じるというのです。交感神経が興奮すると、それにつられて、痛み神経も興奮してしまいます。その結果、治ったはずの古傷が痛み出したり、持病が悪化したりする、というメカニズムです。

対策　危険から身を守るためには！ これだけは守りたい防災のポイント

◎天気の変化と自分の体調との関連性

普段から頭痛日記のようなものをつけて、天気の変化と自分の体調との関連性を把握しておくとよいでしょう。雨が降る前に痛み始めることが分かっていれば、前もって薬を飲む、予定を変更するなど対策ができます。頭痛日記がつけられるスマホ用アプリ「頭痛～る」も利用してはいかがでしょう。

関節痛は患部を温める！

ひざなどの痛みは、低気圧に高い湿度や気温の低下が重なると悪化しやすいといわれます。冷えないように、はおるものやひざ掛けなどを使い、患部をカイロなどで温めましょう。梅雨時は除湿にも気を配りましょう。また、サポーターなどで痛む腰や関節を支えてあげましょう。

自律神経を整える！

普段からのぼせやすいなど、自律神経が乱れやすい人に症状が出やすいです。自律神経が乱れがちな人は、普段から適度な運動をしたり、十分な睡眠をとるなど、自立神経を整える習慣を心がけましょう。

めまい・片頭痛には「酔い止め」がきくケースがあるという説も……

酔い止めの薬は、内耳にある神経をしずめて、リンパ液の流れをおとなしくする効果があるのです。天気痛と乗り物酔いは、メカニズムが近いという見方があります。

酔い止めの薬は、乗り物に乗る30分ぐらい前に飲みますが、天気痛の場合も、天気が悪くなる前、頭がボーっとする・めまいがする・首や肩が重くなるなどの予兆を感じたときに飲むのがいいとされます。

酔い止めが内耳に作用するタイプの酔い止めか確認し、副作用やほかの薬との飲み合わせもあるので、医師と相談の上、服用してください。

額や首の後ろを冷やすと痛みが弱まる場合もあります。温めると血管が拡張し、逆効果といわれます。私も頭痛がするとき入浴し、ものすごく痛みが増したことがあります。

まとめ

頭痛・関節痛・リウマチなどの「自分の痛み」と「気象の変化」をチェック！

低気圧や気圧の谷の接近、気温の急変を、天気予報で事前にチェック！

予兆の段階で薬を飲んだり、患部の保温や固定などの対策を！

あとがき

本書をお読みくださったみなさま、ありがとうございました。いかがでしたでしょうか？

台風や竜巻などのほかに、熱中症や気象病など気象が人にあたえる災害もあります。事前にちょっとした知識があれば、災害から自分や家族を守ることができるかもしれません。

放送は消しゴムで消せないとよく言われます。生放送はしゃべったあとは消えてしまう。その点、本は残るので、あれもこれも載せたいと欲張った気持ちになり、かえって読者の方にわかりにくい部分があったかも……。聴いてくれるリスナーの方にも、手にとってくれた読者の方にも、どう受けとめてもらえるかが大事というのは、放送も本も一緒ですね。

天気は奥も深いし、幅も裾野も本当に広い。近所の方との挨拶も「暑いですね～」「寒いですね……」、外の落ち葉を掃き集めながら「風が強くて大変ですねぇ」と会話ができます。天気の会話がなかったら、もっと近所づきあいも薄くなりそう。差しさわりがなく、年齢や性別も選ばず、みんな共通の話題にできるのが「天気」です。

この本を出すにあたって、本当にたくさんの方々にお力添えいただきました。本の企画のヒントをくださった、気象関連の本がたぶん日本でもっとも多く集まっている気象庁内の津村書店さん、本出版決定にむけて見捨てず力を貸してくださった文化放送の下田さんや飯野さん、出版が決まったあと、さまざまな調整に奔走してくださった太田尾さん、健康気象アドバイザー分野でアドバイスをくださったバイオクリマ研究会、「お天気気象転結」というコーナーを作り担当させてくれた「くにまるワイド」のスタッフ、もちろんリスナーのみなさま、そして企画の段階からお世話になった求龍堂の深谷路子さんには深くお礼を申し上げます。

最後に、長年の相棒で戦友でもある共著の鈴木純子アナウンサーには、心からの感謝を！

伊藤佳子

「はじめまして。伊藤佳子です」

1998年、文化放送で佳子さんに名刺をもらったところから、この本に繋がるストーリーは始まっていました。名刺には「アナウンサー・気象予報士」という肩書きが。

前職で群馬にいたとき、気象予報士の通信講座を申し込んだものの、あまりの難しさに投げ出してしまった私の心の傷が疼きました。完璧な文系で、微分積分には高校で別れを告げたはずでしたが、先輩気象予報士が身近にいて、東京で講習会に通える今なら、挫折した気象予報士をもう一度目指せるかも。そう思ってから丸2年。

早朝5時からのワイド番組『西山弘道の世の中朝一番』を担当しながら、午後は母校明治大学の自習室で勉強。最後はストレスからか歯茎から血が出る始末。試験後は凡ミスに気づき、お蕎麦屋さんで涙を流すなど、まわりに多大なるご迷惑をおかけしたあげく、2000年気象予報士試験に合格。大変だったけれど「私は、乳飲み子を抱えて予報士試験を突破した佳子さんよりはつらくない」と思ってがんばることができました。

文化放送に気象予報士が2人、台風や集中豪雨などの気象情報も交替で対応できるようになり、２００５年にはワイド番組内で現在も続く「お天気気象転結」コーナーがスタート。２００７年にはお天気情報番組『笑顔でおは天!!』を佳子さんと2人で6年半つとめることができました。

細かいところに気がつく佳子さんと、大雑把で何かが起きてからうろたえる私。これまで一緒にやってこられたのは、佳子さんの包容力のお陰です。この本は、二人が力を合わせて取り組んできたことの総決算でもあります。手に取ってくださったあなたのお役に立つことができたら本望です。必要なところから読んでください。そして生活に活かしてください。

この本が世に出るまで力を貸してくださったみなさま、より良い本をつくるためにご尽力いただいた求龍堂の深谷路子さん、そして伊藤佳子さん、ありがとうございました。

鈴木純子

◎参考文献

『気象災害を科学する』三隅良平、ベレ出版
『いのちを守る気象情報』斉田季実治、NHK出版
『はれるんのぼうさい教室』堀江譲、東京堂出版
「現代農業」（『天気を読む 暦を活かす』2015年4月号）農山漁村文化協会
『日和見の事典』倉嶋厚、東京堂出版
『その症状は天気のせいかもしれません』福永篤志、医道の日本社
『お天気養生訓』関達也、IDP出版
『病は気象から』村山貢司、実業之日本社
『天気痛を治せば、頭痛、めまい、ストレスがなくなる！』佐藤純、扶桑社
『NHK 気象・災害ハンドブック』NHK出版

◉伊藤佳子（いとう・よしこ）

北海道生まれの東京育ち。学習院大学理学部卒業。宮崎放送アナウンサーを経て1991年より文化放送アナウンサー。気象予報士・防災士・健康気象アドバイザー。現在『福井謙二グッモニ』天気予報、『くにまるジャパン』お天気気象転結コーナーの月・火・金曜を担当。過去の担当番組は『笑顔でおは天!!』『梶原しげるの本気でDONDON』『みのもんたのウィークエンドをつかまえろ』『キンキンのサンデーラジオ』など。

◉鈴木純子（すずき・じゅんこ）

千葉県流山市生まれ。明治大学文学部卒業。エフエム群馬アナウンサーを経て1998年より文化放送アナウンサー。気象予報士。現在『福井謙二グッモニ』天気予報、『くにまるジャパン』お天気気象転結コーナーの水・木曜を担当。『ニュースパレード』月曜キャスター、『くにまるジャパン』火曜パートナー、『鈴木純子の遊々ミュージック』などに出演。過去の担当番組は『笑顔でおは天!!』『走れ!歌謡曲』『菅原孝のコケコッコー』『なかにし礼「明日への風」』など。

◎謝辞（敬称略）
本書を執筆するにあたり、多くの方々にご協力いただきました。
厚く御礼申し上げます。

気象庁
環境省
国土交通省
神戸市建設局
一般財団法人 日本気象協会
株式会社ウェザーニューズ
一般社団法人 日本自動車連盟（ＪＡＦ）
ＮＰＯ法人 バイオクリマ研究会
立川病院脳神経外科医長 福永篤志先生
テルモ株式会社
学校法人 東邦大学（法人本部経営企画部）

いざというときに身《み》を守《まも》る
気象《きしょう》災害《さいがい》への知恵《ちえ》

発 行 日　2016年7月9日

著　　者　伊藤佳子（いとう・よしこ）
　　　　　鈴木純子（すずき・じゅんこ）

イラスト　やないふみえ
編集協力　株式会社文化放送
撮　　影　相原大輔（口絵p1、カバープロフィール）

発 行 者　足立欣也
発 行 所　株式会社求龍堂
　　　　　〒102-0094
　　　　　東京都千代田区紀尾井町3-23文藝春秋新館1階
　　　　　TEL　03-3239-3381（営業）
　　　　　　　　03-3239-3382（編集）
　　　　　http://www.kyuryudo.co.jp

印刷・製本　東京リスマチック株式会社
装丁・組版　常松靖史［TUNE］
編　　集　深谷路子（求龍堂）

ISBN978-4-7630-1618-8　C0077

大切なわたしの情報。いつも持ち歩こう！消えないペンで書こう！今やろう！

折り線

わたしの情報

■名前　■性別
男・女

■住所

■電話番号

■メールアドレス

■生年月日　■血液型
T･S･H　年　月　日

■メモ（保険証番号・口座番号など）

薬などの情報

■名前

■持病など

■かかりつけの病院

■服用している薬・注意点

■アレルギーなど

折り線

家族・親戚・知人などの連絡先

■名前	■性別	■連絡先	■生年月日	■血液型

■もしものときの集合場所

■もしものときの連絡先

■職場・学校などの連絡先

大切なわたしの情報。いつも持ち歩こう！消えないペンで書こう！今やろう！

折り線

災害用伝言ダイヤル（固定電話・携帯電話・PHS・公衆電話）の使い方

1. **171**をダイヤル。
2. 録音（**伝言を残す**）は**1**を、再生（**伝言を聞く**）は**2**をダイヤル。
3. 録音は**自分の電話番号**、再生は**相手の電話番号**をダイヤル。
4. 音声ガイダンスに従って、**伝言を録音または再生**。

災害用伝言板（携帯電話・PHS）の使い方

1. 携帯の公式メニューから**災害用伝言板**にアクセス。
2. **登録**（伝言を残す）か、**確認**（伝言を読む）を選択。
3. 登録は該当状態に**チェックしコメント**を、確認は**相手の携帯番号**を入力。
4. 登録は**登録**を押し**完了**、確認は**登録済みの伝言**を確認。

折り線

災害用伝言板（WEB171）の使い方

1. インターネットから**災害用ブロードバンド伝言板**にアクセス。
2. 登録（伝言を残す）は**自分の電話番号**を、閲覧（伝言を確認）は**相手の電話番号**を入力。
3. 登録は**伝言を入力**し登録、閲覧は**伝言を確認**。
4. 伝言への返信は**メッセージを入力**し伝言の登録。

もしものときの持ち出しチェックリスト

□水　□食品（缶詰、インスタントラーメン、飴）　□ナイフ　□缶切　□簡易食器　□ラップ　□ウェットティッシュ　□哺乳瓶　□懐中電灯　□携帯ラジオ　□充電器　□電池　□笛　□ヘルメット　□防災頭巾　□軍手　□敷物　□タオル　□毛布　□寝袋　□ロープ　□ライター　□ろうそく　□衣類（下着）　□靴（スリッパ）　□雨合羽　□マスク　□トイレットペーパー　□生理用品　□おむつ　□カイロ　□歯磨きセット　□眼鏡　□時計　□薬　□救急セット　□写真（家族・知人）　□筆記用具　□現金　□身分証　□預金通帳　□印鑑　□ペット関係